图解 精益制造079

工业爆品设计与研发

設計の常識を覆す

日本日经制造编辑部 著

潘郁灵 译

人民东方出版传媒
People's Oriental Publishing & Media
東方出版社
The Oriental Press

目录

contents

第一章

颠覆产品设计的常识

由于不了解当地需求，许多试图进入新兴国家市场的日本企业都失败了。虽然他们为满足当地需求下足了功夫，但实际结果却是南辕北辙、背道而驰。如何才能不为“计划”所困，真正被新兴市场接受呢？对此，笔者在中国和印度等地进行了实地调查并找到了成功的秘诀。

01 改造并非屡试不爽

随着日本国内市场的不断萎缩，日本的制造行业正在加快步伐，抢占快速增长的新兴国家市场。但是，开拓新市场与进入成熟的发达国家市场的做法是完全不同的，需要制造商摒弃现有的产品规划“常识”，改变开发、设计的方式，才能在竞争激烈的新兴市场中立足。

▶投入对方的怀抱

日本制造商全球化发展最大的障碍在于日本国

内的供需规则并不适用于全球市场，尤其是新兴国家市场。

针对发达国家进行的产品规划、开发，由于担任这项工作的规划、开发人员也是生活在日本或其他发达国家的，因此：(1) 他们可以凭借经验，在一定程度上把握住市场需求；(2) 他们可以大致判断出什么质量（功能、性能、体验感等）和价格的产品更受市场欢迎。

但是，新兴国家市场的客户无论是在收入水平上，还是在生活方式上，都与日本人相去甚远。因此，除了那些希望购买在日本或其他发达国家市场销售的高端产品的富裕阶层之外，对中等收入群体，即所谓的大众消费市场而言，(1) (2) 并不适用。想要开拓这个庞大的市场，就必须明白他们想要什么、重视什么，以及愿意为此付出多少。

首先，要充分了解市场需求，对最适合该市场的质量和价格水平做出合理的判断。然后，在此基础上，根据收集到的信息及分析结果，生产适合的产品并保证产品的质量和价格均能满足当地需求。乍一看，这似乎是理所当然的事情。但事实上，许多日本制造商根本做不到这两点。例如，八乐梦床业在进军中国病床市场之初，主推的是基于日本产品进行改造后的手动可调节病床，但市场反响平平，该公司不得不立即改变战略方向。

为了制造出符合新兴国家市场需求的产品，必须充分发挥日本人“重视现场”的思想优势，借助当地员工的体验与价值观，充分了解市场需求，把握合理的质量和价格水平（图 1-1）。最早明白这个道理并付诸实际行动的是松下。其于 2005 年成立中国生活研究中心，通过中国员工对当地市场进行充分调研，并据此构筑面向中国市场的产品理念。

这一思路并非松下独有。丰田汽车为了扩大印度市场占有率，在深入分析当地人用车方式的基础

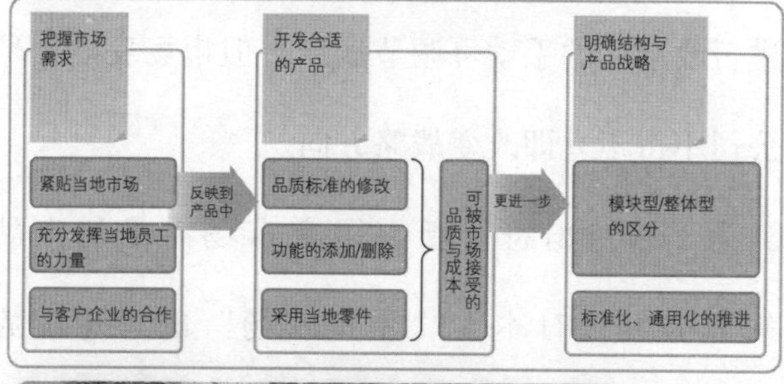

图 1-1　以抢占新兴国家市场为目标的产品开发

通过深入调研当地市场需求，在规划满足该需求的产品时，应综合考虑功能、质量及价格之间的平衡点，不断开发出贴合市场需求的新产品。此外，为了在日益激烈的竞争中生存发展，还必须不断优化产品设计，如细化产品结构、不断推进零件标准化及通用化等。

上，开发出一款名为“Etios”的新型轿车。八乐梦床业经历过失败后，继续发愤图强，开发出功能上有别于当地制造商的电动病床，并且再次向中国市场发起挑战。它们没有对日本既有产品进行改造，而是在充分咨询当地代理商和销售人员的基础上，重新开发出满足中国市场需求的专用产品。品质方面，则大胆提出“中日两国双重标准”的理念，如重新修正了喷漆及焊接的标准。

零件制造商也是如此。日本的零部件厂商越来越注重“当地采购”，因此会更重视与当地厂商的合作。例如，在当地建厂、定期举办交流会，或者派遣工程师，加强与当地厂商之间的紧密联系。在这一过程中，可以很好地了解当地的市场需求，同时利用日本企业的技术能力优势，提出有效的建议并积极尝试，这才是正确且十分重要的开发模式。

▶ “本土化”降低成本的效果其实很有限

此时，为降低成本而采取的措施就显得尤为重要。“Etios”开发工作的总负责人——丰田汽车商品开发本部丰田第三开发中心产品企划总工程师则武义典就曾说过：“控制成本是开发工作中最大的难题。”新兴国家的收入水平与发达国家相比有着很大的差距，这也是他们对价格极度敏感的原因所在。所有部门必须同心协力，不断降低产品的生产成本。这个过程中，日本的团队合作式企业文化可以发挥出极大的作用。

但是，即便已经充分了解了当地的需求，但如果只是在现有的产品基础上进行一些调整，如去除一些不必要的功能，或者增加一些新功能、新设计，这种“本土化变更”并不会对降低成本起到太大帮助。改变日本市场上已有的产品，将其投放到新市场中的做法，对降低成本而言其实收效甚微。因为

“产品的各项功能之间存在着千丝万缕的联系”［罗兰贝格（总部位于东京）项目经理贝濑齐］，所以根本不可能做到对所有功能的专有技术了如指掌。

因此，为了在满足市场需求的同时实现成本的大幅降低，就不能采用基于现有的面向发达国家销售的产品开发的方法，而应该从零开始开发关键零部件，重新开发出满足当地需求的新产品。在进行从零开始设计的过程中要注意一点：不可被既往的基于发达国家市场积累的设计常识所束缚。

▶细化产品结构

但是，如果针对每种当地产品都采用这种方式，那么开发效率就会大打折扣。为了保证新产品企划开发的速度和成本能够具备竞争力，应对产品结构进行细化，将其分成通过协调形成的整体型产品，以及通过组装模块而形成的模块型产品。

日本的企业大都擅长整体型生产方式，这很符合尖端优质产品的生产需求，但与此相对，在成本和开发速度的控制方面却是困难重重。模块型产品虽然在开发速度和成本上具有优势，却很难在技术和功能方面实现差异化。今后，日本企业会不断推进系列产品的模块化进程，并且在开发的过程中充分发挥协调功能，依靠自身优势在全球竞争中处于领先地位。实际上，许多日本专家已经指出："应开发出具备卓越技术、功能和品质的模块，从而让日本产品继续走在世界前沿。"

放眼全球市场，新兴国家的本地制造商也在快速发展。无论是在日本市场还是在其他发达国家市场，日本的企业终将与这些制造商展开对决。到那时，日本企业为新兴国家市场开发新产品时累积下来的更准确、更快速、更低价的开发模式以及专业技术，一定会发挥出重要的作用。

02 把握需求和品质，企划开发应立足“现场”“现物”

“应以‘现场’‘现物’的姿态积极面对本地产品的开发。”为新兴国家市场开发出“Etios”新车型的丰田汽车车型总指挥、丰田汽车商品开发本部第三开发中心产品规划首席工程师则武义典如是说道。

一般而言，在开发面向海外市场的产品时，日本企业都会以全球通用模型为基准，增加一些适用于当地市场的规格。但是，这并不意味着其可以自由、无限地增加规格。也就是说，这种做法难以制造出成本和功能方面都能满足当地需求的产品。为了打破这些禁锢，顺利进入印度等新兴国家市场，丰田汽车从零开始，开发出一款从底盘到车身均为全新设计的“Etios”车型（图 1–2）。

图 1–2　丰田汽车面向新兴国家出售的“Etios”车型

针对印度市场，从零开始进行规格开发。(a) 在销售展览会上展出的“Etios”，由班加罗尔的新工厂制造。(b) 班加罗尔市区的销售商店。

该车型设定了多个与日本、欧洲和美国车型完全不同的规格。例如：日本人不喜欢空调冷风直接吹在身体上，而印度人正好相反，他们很喜欢直接吹冷风，因此空调的改造就成了一项必备工作；印度人大都喜欢在车内悬挂一尊小型的印度教神祇迦尼萨，所以丰田专门在车内设置了一个专用空间；考虑到印度人喜欢赤脚开车，这款车型的前排座椅导轨上还配置了树脂保护套，可以防止意外踢到时伤到脚部；考虑到印度道路大都较为颠簸，丰田在车身下部覆盖了一层保护膜。这些都是既往车型中从未使用过的规格。

▶没有一件规格与日本相同

过去面向新兴国家的产品，大部分只是对日本、欧美市场销售的既有产品进行改造，使其与当地电源规格等相匹配，再在造型方面略微做些调整。如今，这种小打小闹的做法显然已经不再适用了。“仅凭质量是无法与当地的低价制造商竞争的，只有生产出完全满足当地需求的产品，才能在这场竞争中立于不败之地。”松下中国生活研究中心所长三善徹曾说，“现在几乎没有和日本规格完全相同的白色家电了，大部分白色家电在开发初期就瞄准了中国市场。”

例如，该公司面向中国设计的冰箱中，除了保留用于存放药品和化妆品等非食品类物品的空间外，还设置了一个特殊的专用小盒子。这就是为了满足喜欢将昂贵或重要物品存放于冰箱内的中国人的嗜好。同时，具有消毒功能的洗衣机也深受中国人的欢迎。这也是为了满足中国人的特殊需求——中国人认为室外的污垢和细菌会黏附在外衣上，为了避免这些污垢和细菌在洗涤过程中转移到贴身内衣上，应该用手洗涤内衣。但如果洗衣机带有除菌功能，就可以内外衣混合洗涤，省去手洗的时间。这种类型的洗衣机上市以后便大受欢迎，销量更是节节攀升。此外，日本人喜欢薄薄的壁挂式空调，越不起眼越好，而中国人喜欢高高的立式空调（图 1-3）。

图 1-3　中国的空调

一家中国的家电零售商店里摆放着许多壁挂式的空调、高高的立式空调。松下也在中国开发立式空调。

同样在中国开发白色家电的东芝家电（总部位于东京）董事兼总工程师堀内伸秀告诉我们，在泰国等亚洲新兴国家，消费者普遍认为“看到内部的清洗情况是很有必要的”。他们看到强水流和大量的冲淋水流后会很放心，觉得这样一定能把衣物洗得干干净净。因此，东芝家电将洗衣机设计成了即使关上顶盖，也能从外部清晰地看到内部清洗状况的样式（图1-4）。日本消费者喜欢静音式洗衣机，但在亚洲的新兴国家则相反，他们喜欢略带声音的洗衣机，这会让他们时刻感受到“洗衣机正在运转”。

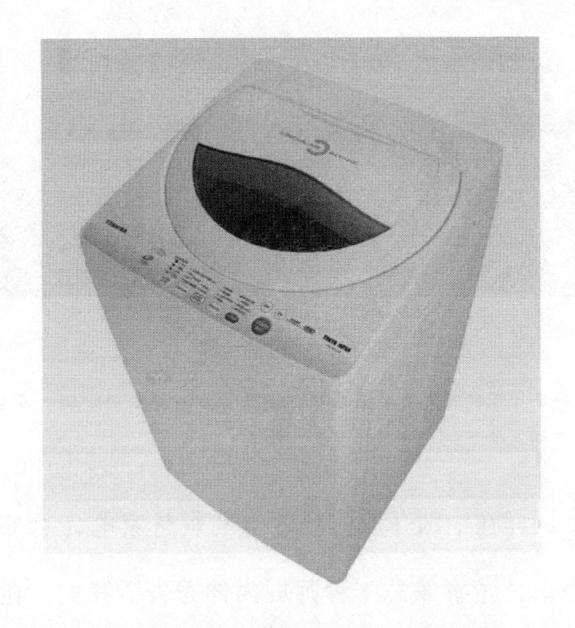

图1-4　东芝家电面向新兴国家开发的洗衣机

透明顶盖，为了让使用者更清晰地看到内部的清洗情况。

▶反映习惯和喜好

在新兴国家的摩托车市场中向来独占鳌头的本田公司表示，面向泰国的产品“并非在设计上采用了与其他国家不同的规格”，而是考虑到“在泰国，人们买一辆摩托车可能需要花费整整一年的收入，所以大部分人会将摩托车作为家庭的重要资产。换言之，摩托车对于泰国人而言，甚至肩负着代代传承的重要使命。那么对我们来说，最重要的一点便是提升发动机的耐用性”（Honda R&D Southeast Asia社长铃木隆久）。

母婴用品的开发制造龙头企业贝亲，最初采用的也是将日本国内生产的产品直接输出到中国的销售策略。后来为了抢占中国市场，才开始了中国专用规格的设计开发。虽然基本功能与日本产品并无二致，但这些产品在包装、颜色、香味等方面进行了改变，更加贴近中国消费者的喜好。在开发时，贝亲也考虑到了中国消费者的使用习惯。

例如，中国人喜欢使用凡士林来保护婴儿稚嫩的肌肤。贝亲敏感地捕捉到了消费者对保护婴儿肌肤方面的重视程度，因此推出了一款低容量、高纯度的凡士林产品。虽然这款产品的售价比现有其他产品要贵很多，但仍阻止不了人们对它的喜爱。

其次，产品包装设计也与日本产品大不相同。日本人喜欢的简约型设计并不讨中国人的欢心。中国消费者会觉得“这不就是一个什么图案都没有的外包装吗?”，他们更喜欢极具鲜明个性的设计类型，即便是一张病床，人们对设计也有着很高的要求。“中国人偏爱鲜艳的色彩，并且喜欢把商标贴在非常显眼的位置。”于是，贝亲生产的医院病床的侧板（防摔护栏床挡）上均装饰有符合中国人喜好的波点花纹，商标设计得也很大。

▶亲身感受需求

有过为新兴国家开发产品经验的制造商们都异口同声地表示，必须在当地建立一个开发基地，派遣开发技术人员亲临现场，才能切身体会并充分理解当地的每一项具体需求。丰田汽车的则武义典也曾多次前往印度，细致观察当地人的乘车方式和汽车使用方式，在当地的驾驶总里程数高达 20 万公里。一般而言，新车只需要进行一次试生产，但“Etios”这款新车却在当地经历了四次符合性测试。

丰田汽车于 1997 年与一家印度公司共同出资，成立了 Toyota Kirloskar Motor（TKM）公司。迄今为止，丰田汽车已经生产、销售了“Innova”“Corolla Altis”等众多车型。这些车型无论是销量还是口碑都十分优秀，但在印度市场的份额却不到十个百分点。于是，丰田汽车将目光锁定在了大众消费市场中的中等收入人群，并开始了“Etios”车型的开发工作。则武义典说："我们完全没有使用现成的零件和模块。就连规格和价格也是从零开始规划的。"这是丰田汽车公司首次为某个国外市场重新开发新产品。则武义典表示："迄今为止，丰田汽车的标准都是为发达国家所设定，而这些标准并不适用于新兴国家。"

▶企划与设计也应基于现场、现物

松下于2005年成立了中国生活研究中心，以直接掌握当地需求。松下公司的三善彻表示："在掌握当地需求的过程中，最重要的是与用户之间的面对面交流。"在松下的中国生活研究中心，中国籍工作人员会亲自前往消费者家中听取用户反馈，查看冰箱内部运转情况，或是在洗衣机工作的时候，细致观察用户的使用方式。除此之外，工作人员还会对房屋内部的尺寸进行测量。三善彻还告诉我们："通过这项工作，我们可以大致掌握一户家庭中的家电使用方式及相关的必要信息。”今后，这项工作将在中国全境得到展开，松下会基于掌握到的信息继续挖掘中国用户的潜在需求，并将其反映到产品开发工作中。

东芝家电也在中国设立了营销中心，主要负责当地产品的开发工作。由中国籍工作人员收集用户的需求，日本设计师和产品规划师也会被派往现场进行问卷调查，了解当地用户的产品使用方式。该公司的堀内伸秀表示：“去每家每户走一走，是最有效的方法。”据称，当地设计师和企划人员已经开始担任产品开发工作。同时，面向当地的产品企划工作也正逐步由当地公司接手。这便是对现场、现物的重视精神。

例如，面向泰国开发的冰箱门就采用了一名当地大学生的设计方案。这款冰箱名为“CURVE”，凹凸不平的表面是其最大的特色（图 1-5）。堀内伸秀告诉我们："这是面向泰国的独特设计，其他国家未必会喜欢。"为每个国家或地区制定独特的设计方案，这必将导致开发成本的上涨。降低成本的重要性不言而喻，但该投资的地方也绝不能吝啬。实际上，这款新产品也的确有着不俗的市场表现，销量高达普通产品的两倍以上。

图 1-5　东芝家电面向泰国开发的冰箱"CURVE"

采用了由当地设计师操刀的独特设计。

▶日本人不懂

有一点需要注意，仅靠市场调查或用户访问，可能无法准确解读隐藏在这些调查结果背后的意义。这些企业也会在日本本土开展类似的市场调查，方法本身也并没有太大的差异。“重要的是对结果的解读。”（三善彻）即使一份相同的调查结果摆在面前，日本人和当地人也会做出完全不同的解读。这是面向新兴市场开发产品的过程中最麻烦的地方。各大企业在包括日本在内的发达国家市场沉淀的多年产品开发经验，在这里可以说是毫无用武之地。只有当地人才能正确读懂隐藏其中的奥秘。

例如，松下面向中国生产销售的洗衣机，已经具备烘干功能了。但事实上，该公司在开发前期进行的调查结果显示，约 90% 的受访者认为他们不会使用洗衣机的烘干功能。这项调查结果出现后，日本员工认为现在暂无必要在中国投放带烘干功能的洗衣机，而中国员工做出了截然相反的判断。他们认为："中国的有钱人只会买最贵的东西。"事实果然如此，带烘干功能的洗衣机大受欢迎。但售后调查也显示，大部分中国用户的确不会使用这项功能。中国的有钱人不会因为现在不使用而拒绝，他们在购买时往往会考虑"将来可能会用到"。对于日本人来说，这一点很难理解。

正因如此，将开发职能逐步转移到当地，充分利用当地人力资源的做法具有深远的意义。丰田汽车也是如此。则武义典提到"Etios"这款车型的开发工作时表示："没有 TKM 的工程师，就不会有这款新车。市场调查和供应商开发是密不可分的两个部分。"了解当地人喜好的印度工程师为以则武义典为首的日本开发团队提供了很大的帮助。

精工爱普生在为印度尼西亚市场开发"L100"喷墨打印机和"L200"一体复印机时，也与当地的销售部门展开了密切合作（图 1-6）。

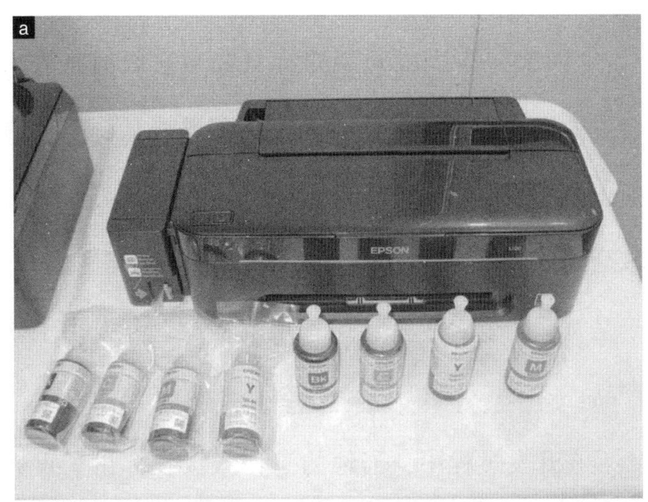

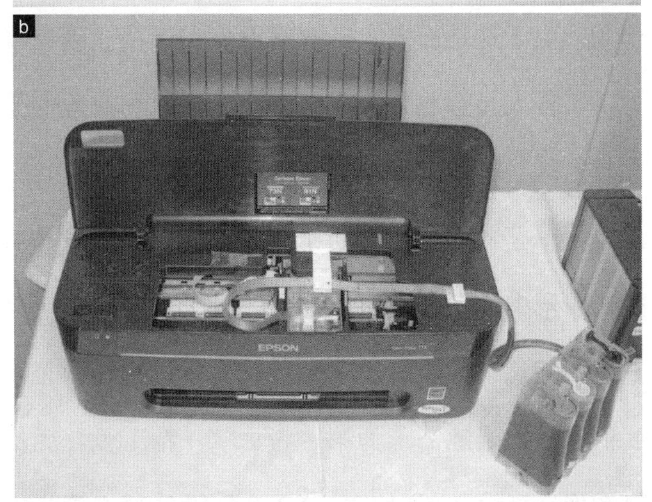

图 1-6　精工爱普生面向印度尼西亚市场开发的喷墨打印机

(a) 为带有大容量墨盒的“L100”，针对当地用户喜欢往墨盒里补充油墨的特点，在打印机左侧配置了一个墨盒。(b) 可以在印度尼西亚市场上购买到的改造产品。打印机头部插入的并非墨盒，而是一个转换器，油墨可以通过管路从大容量墨盒中输入打印机内部。

“L100” 和 “L200” 的特点在于它们拥有极大容量的墨盒。印度尼西亚人在用完墨水后，不会更换正品墨盒，而会购买一种补充型的大容量墨盒。该公司的现有产品就经常被改造成可填充型墨盒。于是，精工爱普生基于这一市场需求，开发出了新产品。

在开发过程中，当地的工作人员发挥出了重大作用。由于这是面向自己国家开发的产品，因此当地的工作人员会更加积极地参与开发工作。他们依据自己的经验制作调查表以获取市场真实的声音，并且进一步将自己的分析意见反馈到规格开发和试生产阶段中。“在进入开发阶段之前要向本地员工公开相关信息，除非有非常充足且合理的理由，否则我们必须以当地需求为第一考虑。”（精工爱普生信息图像企划设计部门 IJP · LP 企划设计部主管岩本正治）如此一来，就会营造出一种全员合力开发的融洽氛围，这会让当地员工更加积极地献出自己的一份力量。[①]

▶一起参与 RFQ

关注新兴国家市场的可不只有各大产品制造商。以 B to B 业务为中心的各大企业，都在努力扩大其在新兴国家市场中的业务范畴。

“迄今为止，中国生产基地扮演的一直是成本中心的角色。今后，这个市场还将成为我们的利润中心。”（歌乐公司常务执行官大谷内信之）歌乐公司在中国拥有多个生产基地，目前中国的产量占了其全球产量的近 50%。其中，70%~80%用于出口。对该公司而言，中国的生产基地已然成为他们的核心

① 丰田汽车的则武义典也曾说过：“这与迄今为止的按部就班的生产方式不同，当地的工程师们会亲自参与当地专用规格的开发设计，这会大大提升他们的工作热情。”他还表示，这种做法不仅能让工程师们造车信心倍增，更能大幅提升当地的开发能力。

生产地。此外，该公司也在逐步扩张开发基地，开发人员的数量从前期的100人左右增加到了2010年的180余人。[①] 目前，这项工作还在持续进行，计划未来达到1000人左右（图1-7）。

图1-7 位于中国厦门的歌乐开发基地

中国工程师们正在努力开发面向当地市场销售的产品。

此前，在中国基地开发的大都是汽车音响等功能单一的产品，且大部分是对日本产品开发计划或产品外观进行改造后的衍生产品。随着中国汽车市场的

① 其中，大约有30人负责产品开发和品质保证的工作，其余150多人则负责电气设计和软件开发工作。

快速成长，自 2010 年开始，各大产品制造商逐渐意识到了开发中国专用产品的必要性。所有的整车制造商都在绞尽脑汁，想要造出与众不同的特色产品。

因此，歌乐公司非常重视与整车制造商分享报价邀请书（RFQ）的相关信息。整车制造商非常想了解中国汽车音响和汽车导航系统的市场动态。歌乐公司表示："找出中国市场的需求后，我们会（通过提出建议等方式）与整车制造商进行密切沟通。"向整车制造商派遣设计师，加强相互之间的合作，可以在 RFQ 方面取得更大的优势。

▶填补客户的信息不足

在利用强有力的技术提案能力促进与客户之间的交流、抓住客户需求这一点上，日本电装公司毫不逊色。其通过对整车及其零部件进行市场调查、问卷分析，寻找最适合中国市场的汽车及零部件的质量水准，这一点会在后文进行说明。这样一来，他们就能够掌握中国人对汽车功能及性能的最低要求，为将来可能成为客户的中国整车制造商提出最合理的汽车零部件建议。以此为契机，获得与整车制造商直接交流的机会，就可以直接精准地了解到制造商的需求。

该公司 DP-EM 室长大矢修三表示，与日本或西方的整车制造商不同，中国的整车制造商在对汽车进行设计的时候，事实上并未掌握到充足的资讯。因此，对汽车技术趋势了如指掌的电装公司可以根据自己掌握的信息，为整车制造商提出最符合中国汽车市场实际需求的零部件建议，这不仅有助于中国整车制造商的腾飞，也能为加深其与客户之间的联系打下坚实的基础。①

---

① 电装公司尚未进入中国汽车制造商的供应体系。将来，他们会展示更多类型的低成本产品（DP-EM 产品）以供客户选择，并不断探索必要或合理的功能、需更改的部分，以及合理的成本等。

NSK 公司也同样利用其卓越的技术提案能力来了解客户需求。2009 年，该公司在中国昆山建立了新的“NSK 中国技术中心”(图 1-8)。该中心除了具备开发面向当地的产品功能外，还具有调查和分析产品的能力，可以根据客户需求来评估市场回收产品轴承的劣化和寿命水准，还可以在轴承没有出现任何问题的情况下找出异常的原因。换言之，这是“为客户解决问题的工作”(NSK 中国总代表殿塚崇)。从客户面临的问题中，可以找出客户的需求。

借助这些工作，NSK 成功拉近了与客户之间的距离，并通过与客户之间的定期交流会来收集他们的需求。此外，在该中心工作过的技术人员会被培养成优秀的销售工程师和客座工程师，以便不断收集客户的需求。同时，NSK 还请求一些大型的潜在客户在办公室内设立一个 NSK 专用区域，他们在这个角落介绍自己产品的优势，同时也可以不断收集客户的需求。

图 1-8　NSK 的新“NSK 中国技术中心”

2009 年于中国昆山成立。接受客户委托，为他们展开调查和分析，从而了解到客户更多的需求。此外，在该中心工作过的技术人员会被培养成优秀的销售工程师（主要负责客户访问）和客座工程师（派遣到客户处提供技术指导），从而更加深入地把握客户的需求。

▶从当地产品中找到合理的质量标准

新兴国家不仅在功能和设计方面有着与日本等发达国家截然不同的要求，就连日本制造商最引以为豪的“匠心品质”，实际也不会引起新兴国家消费者太大的关注。注重细节，就连隐藏在内部的零部件都要做到精益求精的日本式高品质，在其他国家的客户眼里，或许并无太大意义。

如今，进军中国市场的电装公司正在积极调查中国的汽车及零部件的需求和销量，以期为中国市场开发出更多低成本的产品。为此，该公司计划先进行市场调查和车辆、零部件的对标工作。在这一过程中，慢慢找到可以让当地客户接受的质量和功能的最低线。

具体而言，以2009年7月成立的DP-EM室为主要负责单位，借助当地市调公司及内部工程师的力量，电装公司开展了用户问卷调查及经销商调查活动。除了收集用户使用方法、投诉及建议信息外，还会向当地经销商了解既有产品的问题和索赔情况等。[①] 在对标方面，会购买当地生产的汽车或零部件，拆卸后检查它们的功能、性能和耐久性等。

歌乐、精工爱普生、东芝家电等正持续通过产品对标找到最合理的品质要求。歌乐在中国厦门设立了事务所，用于调查当地产品的功能、规格及成本。对这些结果进行定量评估后，反映到该公司的产品中。

精工爱普生与印度尼西亚的制造厂展开了密切合作，不断掌握市面上的喷墨打印机品质。在调查品质的过程中会使用该制造厂内的恒温槽等设备，模拟多种使用环境进行打印，进行产品的拆卸分析。调查过程中损坏的产品会被送到当地的维修点进行维修，从而掌握大致的维修费用、维修时间及维修后的品质状况。[②]

---

① 市场调查由日本员工和当地员工共同实施。

② 为了突出日本产品经久耐用的特点，多久进行一次维修、需要花费多少维修成本和时间，以及维修后的品质如何等信息，都是必不可少的佐证条件。

从失败到双重标准

八乐梦床业中国公司是八乐梦床业在中国的生产基地，负责面向中国的产品企划、研发、设计以及生产等所有工作。该公司主要为中国医院生产病床。

第一章第一节曾提到过，八乐梦床业在进军中国病床市场之初，销售的是等同于日本品质的产品。日本公司对自己的产品信心十足，在喷涂电泳粉末时，即便是隐藏于内部的零部件，也一样会被施加相同的工艺处理方式，还会使用静音电机来保证产品的静音性能。但是，这样的高品质要求，导致其销售价格高达当地同类产品的3~5倍，让当地市场用户敬而远之。

八乐梦床业的经销商和销售人员在充分调查市场需求后发现，中国用户对那些工艺和零部件并无太高要求。相反，那些反而成了导致成本增加的过剩品质。在反思过程中，八乐梦床业对符合中国市场的品质标准进行了修改，从而制定出一套中国市场专用的品质标准。他们希望通过开发出具有成本竞争力的中国专用产品来提升中国市场的占有率（图 1-9）。但是，如何在减少过剩品质的同时维持产品的耐久性和安全性这条底线，成了八乐梦床业的一大难题。模压后产生的小毛刺应全部去除，以维持产品精美的外观，这是日本品牌坚守的底线。新产品的操作开关设计在用户的手边位置，这正是该公司的独特创意之一。

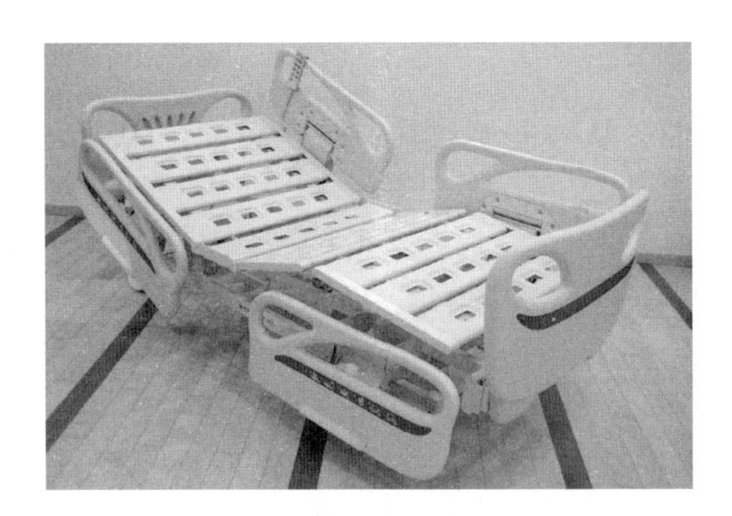

图 1-9　八乐梦床业面向中国开发的产品

2011 年，在中国企划、研发的产品“Iris”正式发售。该产品不仅在品质方面完美贴合了中国用户的需求，在外观设计方面更是俘获了中国用户的心。

03 从零开始设计：转变思维，从减法变为加法

在为新兴市场开发普及型产品时，从零开始是设计过程中最重要的一点。原因有二：其一，不同的需求，会让产品结构产生巨大差异；其二，如果需要通过缩减产品功能和性能以达到大幅降低成本的目的，那么单纯在既有产品的基础上做减法很难达到满意的效果。

此外，在从零开始设计产品的过程中，应勇于推翻迄今为止为发达国家开发产品而积累的设计常识，这一点非常重要（图 1-10）。这里所说的设计常识包括：“该产品的功能、性能（广义上的

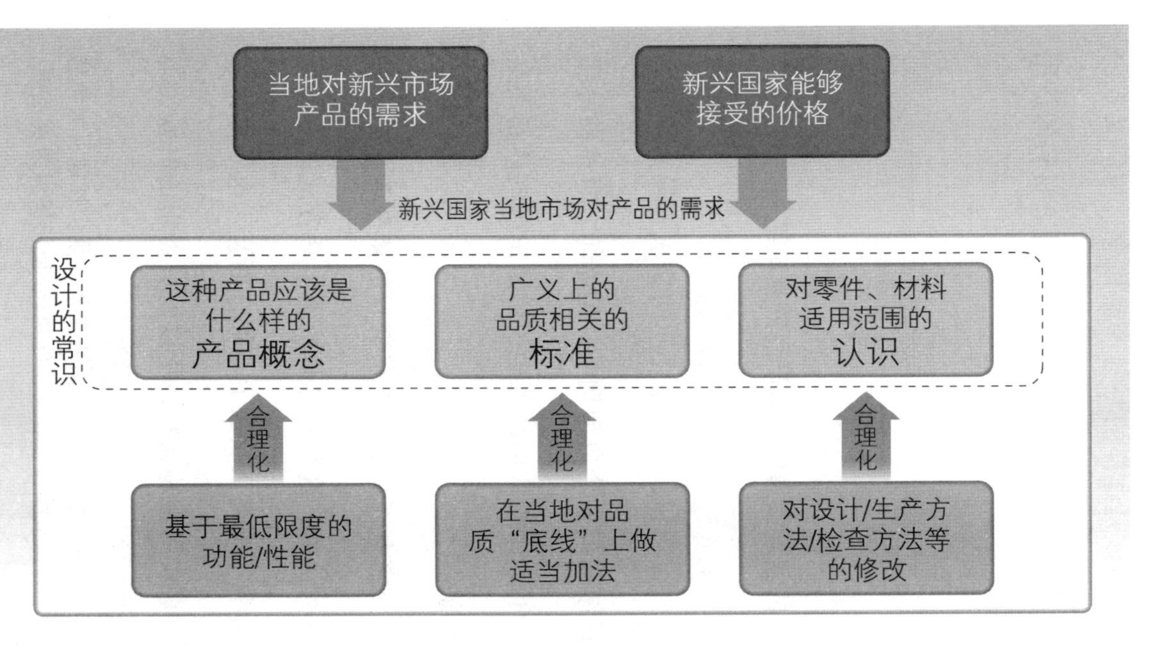

图 1-10　重新审视必要的设计常识

为了开发出满足新兴国家需求和价格水平的产品，应重新审视迄今为止为发达国家开发产品而积累的设计常识。

品质[①]）应该是这样的”等产品概念、与广义上的品质相关的标准，以及对“该零部件、材料的适用范围”的认识（经验论）等。

▶需求的差异会直接影响产品的基本结构

新兴市场和日本市场之间的需求差异直接影响到产品结构的一个典型例子，是冰箱。日本的冰箱通常会有一个很大的蔬菜柜，但是中国的冰箱不会设置蔬菜柜。

东芝家电（总部位于东京）的董事兼总工程师堀内伸秀认为，这种差异是两国生活方式的差异所致：“中国人有每天买菜的习惯。而且，也不像日本人那样喜欢喝瓶装饮料，所以没有需求的时候，不

---

① 此处所讲的广义上的品质是指功能、性能、体验感（舒适性、杂音或噪声、震动、外观）、使用的温湿度范围、寿命等。

会在冰箱中储存饮料。”

日本则不同。瓶装茶饮和矿泉水都是日本人日常必备的饮品，而且他们喜欢一次性购买大量蔬菜，并将其存储在冰箱中。所以，日本的冰箱“不仅要放蔬菜，还需要设置一个足以让 2L 装饮料瓶竖立放置的超大蔬菜柜”(堀内伸秀)。

问题就在于“（冰箱中的）这种蔬菜柜的功能决定了产品的基本形状（结构)。我们即便取消了蔬菜柜的功能，形状也依旧被保留了下来”(堀内伸秀)。这就是很难通过改造日本冰箱来开发中国冰箱的原因所在。

▶若干最低限度功能的叠加

“基于既有产品进行的减法计算，很难实现大幅缩减功能和性能，以达到符合新兴国家市场需求的价格范围这一目的。”电装公司 DP-EM 室长大矢修三说道。基于这一想法，电装公司在为新兴国家市场设计产品的过程中，并未采用对既有产品进行改造的方法，而是另行妙招——从零开始叠加计算。

具体来说有两点：(1) 从零开始，思考产品所需的最低功能和性能；(2) 增加一些可以体现本公司品牌价值的功能或性能，以提升产品的附加价值(图 1-11)。

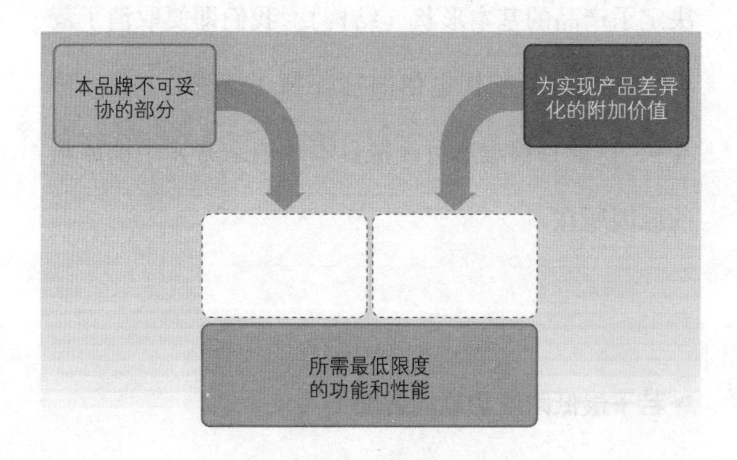

图 1-11　从零开始叠加

在为新兴市场开发普及型产品时应该做加法，即先确定最低限度的功能和性能，然后添加该品牌特有的、不可妥协的零件和产品，再通过差异化提升产品的附加价值。

大矢修三认为，在既有产品的基础上做减法很难剔除无用部分。他解释说："既有产品中包含了许多专有技术，而能够在了解全部专有技术的基础上对功能及零部件的取舍做出准确判断的人并不多。所以，必须建立起一个全新的基准，然后将需要的功能一个一个叠加上去。"

电装公司的当前目标是：将面向新兴国家市场产品的制造成本降低到既有产品的二分之一。该公司主要生产汽车零部件，因此整车制造商是他们的主要客户。为了抢占中国等新兴国家市场，电装公司希望能够与更多的当地整车制造商展开合作。这就意味着，自家的零部件售价必须让客户能够接受。

话虽如此，要将成本削减到既有产品的一半，"仅仅依靠一些小打小闹的成本削减措施，基本上是做不到的"（大矢修三）。因此，必须大刀阔斧地将产品的功能和性能削减到最低限度。

罗兰贝格国际管理咨询公司（总部位于东京）合伙人长岛聪，以及该公司项目经理贝濑齐也认为，必须从零开始叠加，才能大幅降低成本。为此，贝濑齐做出了如下解释：“产品是各种功能的集合体，这意味着各个功能之间存在着千丝万缕的联系，密不可分。如果剔除某项功能可能会对另一项基本功能造成影响，如此畏首畏尾，就无法大幅削减零部件。这便是对既有产品进行改造的难点所在。”

当然，日本人已经习惯了制造高功能、高性能产品，对于思考最低限度的功能和性能这件事，一开始的确很难适应。关于这个问题，长岛聪提出了如下建议：“我们可以试着回忆一下20年前的产品，然后想想哪些是好的产品，哪些是质量一般的产品。最后，只要把你认为质量不足的地方进行改善即可。”

▶从零开始，改变产品结构

当然，从零开始进行设计并不意味着产品的功能和性能都能得到合理配置，因为我们很容易受到既有设计常识的影响。这就是“开发面向新兴国家产品而采取大幅削减成本的措施时，我们必须重新评估如今的各种制造标准是否真的正确”（大矢修三）的原因。换言之，我们不应被任何既有的设计常识左右，要瞄准本质不断进击。

富士施乐便是以这种方式既满足了新兴国家市场的特殊需求，又降低了生产成本。该公司已经成功开发出入门型 LED 打印机“DocuPrint P105”系列（黑白）和“DocuPrint CP205”系列（彩色），以及多功能型打印机“DocuPrint CL105”系列和“DocuPrint CM205”系列（图 1-12）。

该公司的开发团队在研发上述打印机时遇到的一个挑战是：制造一款可以放入狭窄、凌乱的桌面

图 1-12　富士施乐专门为新兴国家市场开发的
入门型 LED 打印机“DocuPrint CP205”

空隙中的小型打印机。

事实上，这也是该公司首次研发入门型 LED 打印机。迄今为止，该公司一直专注于开发品质卓越且能支持大批量印刷及复印的高端产品。但他们也知道，面向新兴国家市场的低价产品将成为提升公司销量的主力军。为此，该公司对新兴国家市场的企业专用打印机需求进行了细致的调查与分析。上述需求便是基于这一分析结果得出的结论。

在新兴国家，尤其是亚洲国家，不是每个人都能拥有宽敞的办公环境。因此，他们很需要超级小型的打印机，而不会在办公桌旁单独设一处打印机区域。他们会将打印机直接架在办公桌上，甚至是一大堆文件的狭小缝隙中。

总而言之，新款打印机要满足的需求是：体积小；能被新兴国家市场接受的低价格。鉴于以上两点，富士施乐的设计团队彻底摒弃了既有的设计常识，从零开始对 LED 打印机的功能和性能进行了审视。以往设计的常识，真的能满足新兴国家市场的实际需求吗？在不断质疑这一点的同时，“我们从零开始，对 LED 打印机所需的最低限度的功能与性能进行了多方位的讨论”（富士施乐商品开发本部第四商品开发部经理山本隆一）。

最终，该公司采取的一项措施彻底改变了产品的基本构造——采用由标记引擎（感光体、显影剂、碳粉组成的整体单元）及可拆卸式机身框架组成的结构。在常规结构中，感光体、显影剂和碳粉都是可替换的标记引擎，机身处设置一个框架，用于装卸标记引擎。但此次的新型打印机是面向新兴国家市场开发的产品，所以该公司将碳粉从可更换式引擎中分离出来，将感光体和显影剂直接固定在机身上，然后完全取消了用于装卸标记引擎的框架（图1-13）。

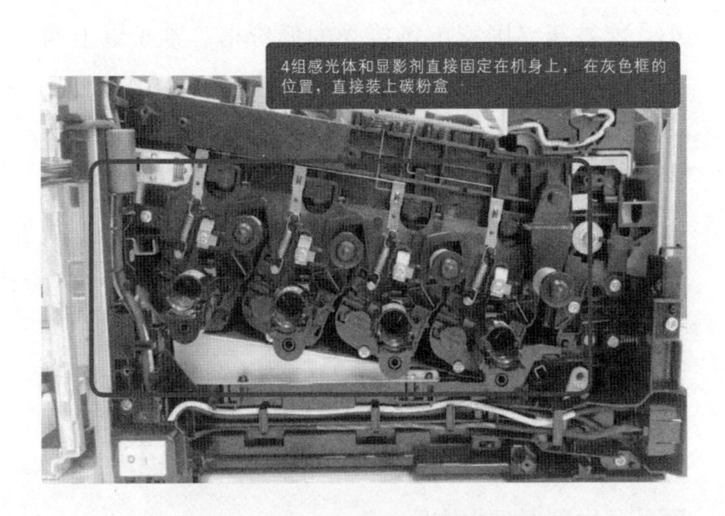

图1-13 “DocuPrint CP205”系列等产品改变了LED打印机的基本结构

通过彻底改变产品结构，省去了装卸感光体和显影剂时的预留空间，让产品结构变得更加紧凑，同时也减少了零件数量，让这款新型打印机的体积较原有机型减少了一半。[①] 同时，也成功降低了材料成本。这种方法对第一章第四节中介绍的开发成本也起到了有效的抑制效果，最终将售价压缩到了26000日元（彩色），比传统的高级机型（彩色，36000日元）的价格便宜了10000日元。

▶根据实际情况判断使用寿命

该公司之所以能够对产品的基本结构进行彻底改变，在于他们已经看清了设计的本质，从而成功摆脱了既有设计常识的束缚。简而言之，就是根据新兴国家市场产品的实际使用情况，重新思考了发达国家对“长寿命”这一看似理所当然的需求。

这种颠覆了传统结构的新结构，使得感光体和

① 减少零件数量的措施包括：使用螺线管，将感光体和显影剂两处的驱动电机合二为一；原有的彩色打印机是使用4个电机分别用于4种颜色碳粉的喷出，新机型通过使用单向离合器，将电机数量减至一半。

显影剂都成了无法更换的样式。受到感光体和显影剂寿命缩短的影响，打印机本身的使用寿命也从 30 万张骤降到了 3 万张。对此，我们应该怎么看待呢？

如果用既有的常识来判断，新机型的寿命骤降为原有机型的 1/10，这肯定是无法接受的。但是，从新兴国家市场的打印机实际使用情况来看，该打印机的主要目标客户每月的打印量仅在 100~200 张。而且大多数情况下，在机器达到使用寿命，也就是 3 万张之前，就会被新机型所取代。

也就是说，新兴国家市场对“使用寿命”的要求，其实并不十分严格。依据市场的实际情况对机器寿命做出合理的判断，让该公司成功通过了新的产品结构方案。

▶通过改变板厚等来提升本地采购率

无论是丰田汽车面向印度等新兴国家市场开发

的小型轿车“Etios”，还是富士施乐的新型 LED 打印机，都是抛开既有设计常识，从零开始进行设计的成功案例。“Etios”是丰田汽车为新兴国家市场开发的首款汽车，包括平台在内的所有零部件均为全新设计。而且，丰田汽车在开发阶段就考虑到了充分利用本地材料所带来的效益，从而大幅降低了成本。事实上，迄今为止，本地材料的运用一直是一个难以克服的阻碍。

例如钢材。“Etios”开发总负责人——丰田商品开发本部第三开发中心产品企划总工程师则武义典表示，除了一些非常特殊的钢材以外，“Etios”车型原则上全部使用当地采购的材料，且大部分钢材均来自印度 Tata Steel 公司。但是，与日本生产的优质钢材不同，当地钢材的品质非常不稳定。虽然他没有透露更多的细节，却留下了这么一句话：“‘Etios’的强悍，足以化解材料品质波动。”

在印度很难获得 500MPa～1000MPa 级的高张力

钢板。考虑到成本和获取难度，在印度能使用到的最高级别也就是440MPa级。通过增加板厚，就可以在使用440MPa级高张力钢板的前提下确保强度。

树脂成型零件也是如此。印度的大部分供应商，都没有如同日本模塑制造商一样的先进技术。如果成型过程中无法对树脂的流动进行合理控制，最终的成型零部件很容易变形。为此，该公司积极研究对策，如制作出可以抑制变形的夹具、采用增加板厚的方式来降低变形风险，等等。

通过以上措施，“Etios”的本地采购率已达到70%左右。今后，这一数字还可能不断攀升。此外，富士施乐计划实现发动机和变速箱的本地化生产，如果成功实现，则本地采购率或将攀升至90%。[①]

---

① 丰田汽车的则武义典表示，他们还在努力提高本地采购率。虽然丰田已经开始从印度供应商处购买零部件，但其中仍有部分是由日本供应的。则武义典说：“我们会努力提升本地采购率。从印度当地购买的零部件数量越多，制造的成本就会越低。”

▶为新兴国家建立新标准

产品设计存在多种多样的常识，但一般都是以设计相关标准的形式体现的。因此，如果能够新建一套适用于新兴国家市场的新标准，或许就能摆脱设计常识的束缚。实际上，电装公司已经在努力修改适用于新兴国家市场的产品标准了。

上文提到，该公司正在转变设计方式，采用从零开始叠加的策略，逐步完成产品的结构设计。当然，他们并不满足于此。该公司真正的目标，是努力推进产品标准的修订。

在这个过程中，汽车零部件和与车辆相关的市场调查及对标结果，将成为他们的主要参考信息。这些信息有助于他们更好地把握新兴国家市场所能接受的产品功能和性能的下限。在此基础上，该公司找到了更适合目标产品的标准值，并且最终总结出了新的标准。

如今，该公司已经成功在中国等地的市场调查及对标结果的基础上，制定出了适用于新兴国家市场的新标准。他们将根据这套新标准来制作样品和产品，在确认中国等新兴国家的市场接受程度后，再对标准进行不断完善。

▶对噪声的敏感度等给予更多关注

在修订标准的过程中，必然会涉及一些用于防止发动机发出噪声的零部件。

汽车发动机运行时，收音机会发出滋滋的干扰音。因此，丰田汽车会在发动机处配置一些用于防止噪声的零部件。由于丰田汽车的现有客户中不乏一些发达国家的整车制造商，因此根据当地的标准，所有车辆都必须采取防噪措施。

但是，新兴国家市场上销售的汽车发动机并不具有防噪功能（此为 2011 年调查结果）。尽管如此，这些零部件依旧可以被市场所接受。那么，丰田汽车在重新制定面向新兴国家市场的新标准时，也就必须考虑到这一要素。

当然，如果整车制造商客户希望在下一代车型中使用相同的功能，那么这个标准也是可以再次修订的。顺便说一下，每个整车制造商在防噪的处理方式上也是各不相同的。防噪零部件既可以设置在发动机一侧，也可以设置在车身一侧。

丰田汽车在“Etios”车型中使用了电装公司产生的散热器、加热器芯、冷凝器和蒸发器，也是一个通过修订标准达到大幅降低成本的成功案例（图1-14）。一般来说，这四个热交换器无论是在制冷剂类型，还是在对耐腐蚀性、耐压性的要求上都各不相同。而且，由于必须保证其能在包括极冷、极热条件在内的全球所有环境下正常运转，因此每种类型的热交换器都使用了不同的材料和零部件。

但是印度市场基本不会遇到极冷的使用条件。

图 1-14　丰田汽车面向印度市场推出的小型轿车“Etios”中使用了电装公司生产的散热器、加热器芯、冷凝器和蒸发器

考虑到印度的气候和需求，丰田汽车对各种热交换器的功能及性能的相关标准进行了修改，如大幅拓宽了各种型号热交换器中的管道及散热片等材料、零部件的共用范围等。

而且，印度用户比较重视制冷、制热、风量等基本性能，但对静音的要求并不高。

因此，丰田公司重新修订了各种热交换器的功能及性能相关标准，大幅拓宽了各种型号热交换器中的管道及散热片等材料、零部件的共用范围等。

对标准的重新审视，是“常识的本地化”中非常重要的一个环节。

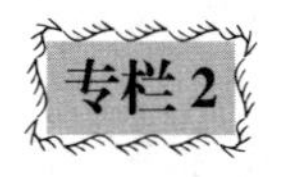

提升当地采购率，无人可以例外

为了能够以更低的成本制造出面向新兴国家市场的普及型产品，不仅要修正功能、性能的相关要求，还要提升零部件、材料及中间产品等的当地采购率。为此，可以采用增加候选供应商的数量，以及扩大可用零部件的范围等方法。

(1) 增加候选供应商的数量

许多公司已经开始通过网络、当地员工、现有当地供应商、有业务来往的供应商、贸易公司、调查公司等实现了增加候选供应商数量的目的。甚至出现了

“对标产品，从零部件的刻印开始寻找杰出的合作伙伴”（东芝家电）、“与日本不同，中国的工业协会等团体掌握着极其丰富的信息资源，我们可以充分借助团体的力量”（NSK）等方式。新兴国家与发达国家不同，基本上见不到像电话簿一样的资讯清单。因此，要想尽一切办法寻找具有合作可能性的供应商。

(2) 扩大可用零部件的范围

扩大可用零部件的范围的方法有两种：一是改变自己，二是培养供应商。为了全面降低成本，企业应做到同等对待，不设任何例外条件。电装公司DP-EM室长大矢修三说道：

“过去，假设我们有10个零件评价标准，那么供应商只要出现一项不合格，原则上就不会被采用。但如果我们能指导供应商进行改进，他们或许就能满足我们的标准。

“日本的供应商自然具备稳定生产相同质量产品的能力，但是新兴国家的某些供应商，可能每三次就会出现一次达不到标准的情况。迄今为止，我们在进行生产线设计的时候，都是基于所有零部件均为完美品质这一前提。因此，一旦出现不良品，就会对我们的正常生产造成重大影响。但是，我们或许可以依靠对设计、生产或检验方法的改变来解决这个问题。将目视检查更改为自动化检查，也许就能剔除掉不满足验收标准的零部件。在成本允许的情况下，这些设想很可能会成为现实。”

事实上，电装公司也正在努力推进这些计划。

NSK也是一个通过向当地供应商提供指导提升零部件当地采购率的成功案例。该公司的中国总代表殿塚崇表示：“如果我们不参与指导，开发新的供应商将是一件非常困难的事情。我们正在努力推进这项活动。首先要找到一个双方可以合作的点，然后在长达数年的时间内双方进行反复讨论与沟通，以期最终成功实现材料和零部件的改良。”

04 从产品到产品组：与通用零件碰撞出美妙的火花

“根据高科技产品、普及型产品等产品类型的不同，可以将其分成通过协调形成的整体型产品，以及通过组装标准化或是通用化模块而形成的模块型产品，这一点很重要。”罗兰贝格国际管理咨询公司（总部位于东京）的合伙人长岛聪，以及该公司项目经理贝濑齐，从产品结构的角度指出了全球化时代的理想制造方式。

他们表示，一直以来，许多日本的汽车零件制造商都在以整体型的方式为整车制造商生产各类零件。虽然整体型的生产方式对增加新功能或打造高质感非常便捷，但同时也具有开发周期长、成本高的缺点。

包括中国在内的新兴国家市场都处于黄金增长期，只有快速推出产品，才能把握住转瞬即逝的商机。其中，一定要努力降低普及型产品的制造成本。因此，整体型的生产方式在灵活度方面显然输给了模块型。模块型生产方式可以通过对标准化或通用化模块的共用，实现缩短开发周期、降低开发成本的目的。

第一章第三节中说过，面向新兴国家市场的开发，应该采用从零开始的方法。如果坚持采用日本企业最擅长的整体型开发方式，就会出现交货时间长、成本高的风险。因此，在开发前，应对采用整体型还是模块型的生产方式做出准确的判断（图1-15）。

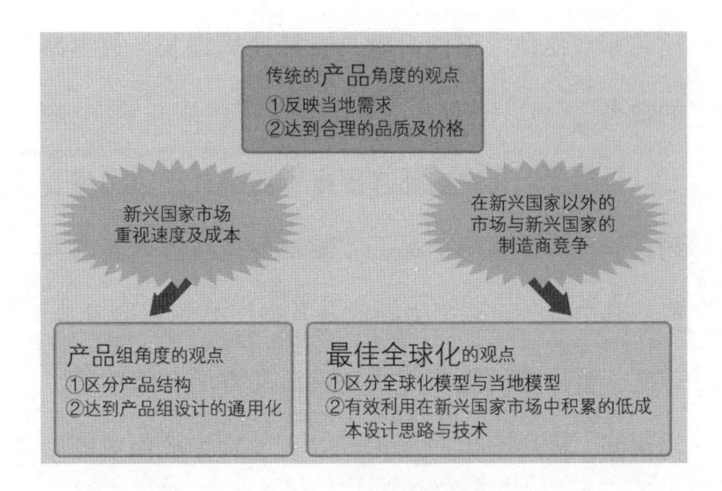

图 1-15 策略的多样化

为了满足新兴国家市场对速度和成本的特殊需求，并且在新兴国家以外的市场中不输于新兴国家的制造商，需要采用不同的策略。

▶在新兴国家打造标准化零件的通用世界

一些公司认为，在生产面向新兴国家的产品时，模块化和标准件占据了极其重要的地位。向装配厂提供轴承和滚珠丝杆等零件的 NSK（图 1-16）就是其中之一。“我们现在采用的基本都是依据客户需求制造出专用零件的方法，也就是所谓的‘整体型’”（NSK 中国总代表殿塚崇）。但是在面向新兴国家开发新产品的时候，考虑到他们对速度及成本的要求是非常高的，所以 NSK 正在探讨标准化的做法。

图 1-16　NSK 的高速机床专用滚珠丝杆“HMS”系列

面向日本制造商及中国制造商的优质机床用定制品。

同时，该公司也认为新兴国家完全具备标准化零件通用的条件。例如，中国本地的装配厂经常会把日本产品拆开来，然后让供应商提供相同的产品，但并不知道这是不是标准化零件。“基本上所有的日本客户都有自己独特的产品设计方案，他们会犹豫要不要使用标准化零件，但中国客户没有这个烦恼。”（殿塚崇）因此，只要能给出充分的理由，基本上就能让中国客户同意使用标准化零件。

因此，该公司也开始“考虑开发适用于中国市场的轴承和滚珠丝杆标准化零件”（NSK 董事执行官专务兼产业机械事业本部部长建部幸夫）。具体来说，就是将能够满足客户最低功能要求的标准件排列在一起。

▶结构由市场决定

当然，并非所有的产品都必须选用模块型设计。一桥大学经济研究所的都留康教授强调：应根据产品特点，进行整体型或模块型的策略性使用。

2010 年，都留康教授曾对日本、中国及韩国的所有制造商和软件开发公司进行过一次问卷调查，以了解他们采用的是何种产品架构、开发结构，以及人才管理方式。从结果来看，韩国公司成功进行了整体型或模块型的策略性使用。当然，韩国公司近年来在全球市场上的表现也的确可圈可点。都留康教授认为，对产品架构的正确区分，正是支撑他们走向成功的一个重要因素。

日本和中国自然也与韩国一样，既有整体型产品，也有模块型产品。若用一句话来概括中日两国与韩国的差别，那便是这两个国家的制造商大多是依据自身需求对产品进行分类的。罗兰贝格国际管理咨询公司的贝濑齐认为，在不断进行尝试后，会出现一些有别于标准模块型零件的部分。至于为什么需要进行这种改变，以及改变后会带来什么样的好处，目前尚无明确答案。而且，大部分新兴国家的客户是不太理解这一改变的。

都留康教授说：“实际上，大部分产品在设计过程中都会出现整体型的趋向性。为什么呢？因为市场需要。例如移动终端，即使产品本身是由多个标准化零件组成的，只要有添加本公司特殊功能的需要，就要与周边的其他相关零件不断磨合，以形成协调的整体。智能手机就是一个典型的例子。简单的移动终端和功能强大的智能手机，对应的就是两种截然不同的市场需求。”

简而言之，是否需要进行零件之间的协调，应从两个方面来进行判断：其一，是否有市场需求；其二，是否对客户有意义。迄今为止，日本制造商对零件协调性的把握可谓是炉火纯青。也正因如此，日本对上述的判断标准并无确切的定义，导致了过多使用整体型设计的结果。事实证明，这种方法在新兴国家是行不通的。

▶通过磨合，打造更好的模块

那么，擅长整体型产品设计的日本制造商应该怎么做呢？

对于面向发达国家销售的高端产品而言，所有零件都达到最佳协调的状态无疑更满足市场和客户的需求。然而，对于面向新兴国家市场销售的普及型产品而言，通过协调零件来提升功能和性能的做法并没有太大的意义，应把目光聚焦于快速与低成本的开发上，这会极大地影响最终的成败。因此，能够模块化的部分，就应该予以彻底的模块化。

但是，在整体型产品开发方面拥有极大优势的制造商们若是轻易转向模块型产品开发，很可能会失去积累多年的企业优势。

为此，罗兰贝格国际管理咨询公司的长岛聪提出了“将以往的以产品为单位的磨合转换至以产品组为单位的磨合”的观点。也就是说，应将多个产品模型视为一个“产品组”，对通用零件进行模块化，在开发阶段充分利用以往在产品模型磨合工作中积累的知识经验，让产品组实现更加优越的功能、性能及可靠性。

对单个产品模型的磨合，很容易陷入单品最优化的循环。实际上，制造商采用这种方式开发产品时，通常不会考虑此类产品应该具备什么功能。因此，首先应该指定一位负责人，明确设定出目标产品的基础功能。然后，再在对市场及客户需求进行分析的基础上，确定产品组模块的使用范围及规格。

只要制定出明确的目标，日本制造商就可以依靠其优势——兼具独立性与合作意识的员工，迅速开发出更优质的模块。如果能以这种方式在日本开发出高质量的标准模块，那么就能以此为基础，提升当地市场产品的质量。

▶通过开发产品组降低开发成本

在开发产品的过程中导入产品组，从这一观点来看，不仅是单个模块，整个产品组都可以共享同一个设计理念。

实际上，富士施乐正是通过这种方式成功降低了开发成本。该公司面向新兴国家市场开发的入门型 LED 打印机“DocuPrint P105”系列（黑白）、“DocuPrint CP205”系列（彩色）等产品就是由同一开发团队同时设计出来的产品，运用了相同的设计理念。

例如，打印机引擎。这些产品使用的都是同一种新型设计理念，即感光体和显影剂为不可更换的固定结构。因此，黑白打印机和彩色打印机的打印机引擎，从外观上看是完全一样的。因为黑白打印机的引擎仅做了去除彩色部分、保留黑色部分的改造。

若是在过去，不同型号的产品一定会由不同的开发团队负责。但如今，考虑到当地市场对彩色打印机和黑白打印机的双重需求，以及削减开发成本的目标，富士施乐采用了同一开发团队同时开发两种机型的做法。虽然尚无精确的数据表明究竟削减了多少开发费用，但可以肯定的是，减少了一半的开发人力。

▶细化开发组织

为了更好地进行整体型和模块型的战略性区分，日本企业对开发组织和人才管理进行了重新审视。

例如，一桥大学都留康教授等学者的调查结果显示，喜欢采用整体型产品结构的日本企业大都存在以下现象：(1) 项目组织一般会横跨职能部门，且设置一个权限很高的重量级项目经理；(2) 在人才管理方面，对招聘毕业生和内部培训十分重视，擅长以长远的目光培养和激励员工。

相较而言，偏爱模块化产品结构的中国企业则大多为：(3) 项目组织依托于职能部门，项目经理的权限不会太大；(4) 在人才管理方面，喜欢招聘有工作经验的员工，讲究迅速见效型的激励措施（图 1–17）。

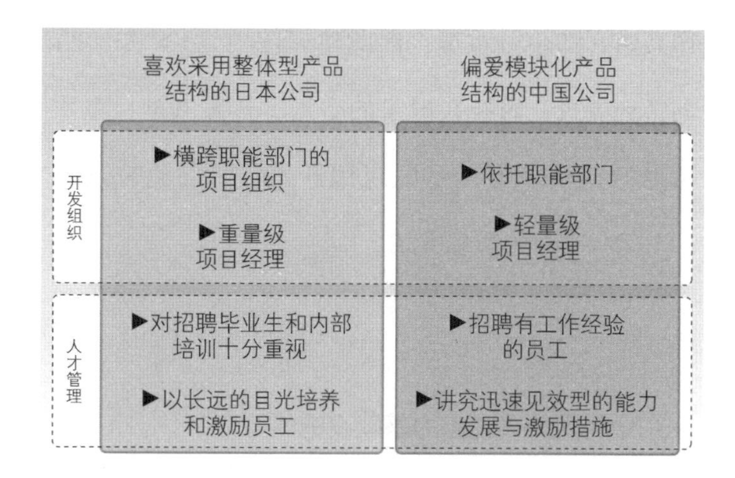

图 1-17　产品结构、开发组织与人才管理

一桥大学经济研究所都留康教授的一项调查结果显示，偏重于整体型产品结构的日本公司和偏重于模块型产品结构的中国公司，二者在产品结构、开发组织，以及人才管理之间存在关联性。

都留康教授认为，没有任何一种开发组织和人才管理方式是适用于所有公司的，应根据实际的设计需求，决定是使用偏重整体型设计的组织结构，还是使用偏重模块型设计的组织结构。

更进一步说，就是需要采用更加灵活的管理方式。例如，日本的企划、开发基地主要从事的是产品模块的开发，这无论是对整体型产品还是模块型产品而言都十分重要，因此建议使用（1）和（2）的管理方式；而新兴国家的企划、开发基地，主要负责的是模块型产品的应用开发，所以比较适用（3）和（4）的管理方式。

▶充分利用新兴国家的基础设施优势

为了应对这种情况，本田公司计划对摩托车的企划及开发模式进行重新审视。迄今为止，该公司一直在采用“一国一款”的开发模式。虽然也会针对每个国家的具体需求企划、开发出当地专用的产品规格，但后续基本上会转换为“收集各国需求，取需求的最大公约数，然后将其作为全球通用模型”的做法。

届时，在新兴国家市场中积累的低成本化技术就会成为制胜的关键。换而言之，这是一种使用低价零部件或材料制造简单产品的技术。大山龙宽表示："如果能充分利用中国、印度等新兴国家的采购基础优势，在品质、成本和交货时间等方面都做出最佳的选择，就可以借助本田公司的优势——品牌形象、销量优势，以及环境、安全、节能等方面的技术优势来决一胜负了。"两轮轻便摩托车"PCX"的诞生，便是基于这一开发模式（图 1-18）。利用新兴国家的生产、采购基础设施优势，通过全球通用的产品概念造出全球模型，从而实现成本削减。

图 1-18　本田两轮轻便摩托车"PCX"

利用新兴国家的采购基础设施实现低成本化的全球模型。图中为安川电机在泰国生产基地生产的产品。

▶在设计指导书中阐明本地化方针

安川电机的逆变器部门认为，在世界各国都开始将目光转向低成本生产方式的大趋势下，如果一味地将开发功能聚集于日本国内，是很难保持成本竞争优势的。因此，该公司开始将开发功能逐渐分散到其他国家，并且致力于提升开发速度。该部门认为，考虑到基地的分散性，如果没有统一的设计方针，很难保证高效开发。因此，他们在开发“COSMOS”系列中最新型的逆变器“A1000”及“J1000”时，重新制定了设计指导书——*The Book of COSMOS*。

除了阐述设计理念外，安川电机还对产品的标准化及配件的制作方法等进行了归纳总结。设计指导书内容包括控制《软件篇》、《结构篇》及《电路篇》，区分了两大功能：必须严守的核心功能；可以选择或依据当地具体情况进行更改的功能。同时，还记录了海外开发团队在进行配件设计与本地化设计时应该遵守的方针。当然，集中了诸多专有技术的核心功能部分只会阐述最低限度的内容，据说这是为了防止技术信息泄漏。

核心功能与周边功能之间的关系，可以用软件开发中的内核和API（Application Programming Interface，应用程序编程接口）来形容。内核是功能的主干，需要对外保密。而API由于可以对周边功能的开发起到促进作用，所以是完全公开的。*The Book of COSMOS* 阐明了本地化产品的设计方法，推动了日本开发与海外设计的齐头并进。在日本开发新产品的两年左右时间里，安川电机的海外分公司也在同时推动产品本地化与定制商品的开发步伐。

歌乐公司常务执行官大谷内信之也表示："我们希望将开发成本相对较低的中国作为全球商品模型的开发基地。"为了实现低成本开发，该公司在重新筛选供应商的同时，也在努力实现设计的标准化和通用化。低价产品的通用平台已经基本完成，歌乐公司会基于这一通用平台开发国外产品，以达到降低开发成本的目的。

专栏3

降低成本，不止于新兴国家

对日本企业而言，低成本高速度的开发模式是面向新兴国家市场特有的需求，但其今后也将成为面向其他国家市场生产普及型产品的大趋势，因为“中国和印度的制造商正在成为我们在全球市场的强劲对手”(本田公司专务董事兼摩托车事业本部部长大山龙宽)。大山龙宽还强调:“为了不输给这些新兴国家的制造商们，即使是在新兴国家以外的市场，我们也要努力做到物美价廉。”

实际上，即使是在日本市场，随着中国最大的平板电视制造商海信集团（Hisense）的进驻，日本国内制造商与新兴国家制造商之间的竞争也已逐渐白热化。本田公司计划在日本国内推出比其他日本制造商价格便宜30%以上的产品。由此可见，今后的日本市场，也可能面临严峻的价格竞争态势。因此，即便是不打算进入新兴国家市场、不用面临价格和速度需求的制约、可以继续生产独创的具有优质性能、功能的高端产品的日本制造商，也必须具备对低成本普及型产品的企划及开发能力。

第二章

设计上的客户需求陷阱

图 2-1 为日本油泵公司（总部位于埼玉县熊谷市，以下简称“日本油泵”）于 2011 年开发的机床专用冷却液泵“Vortex C”剖视图。在忠实回应客户需求的同时，该公司还积极对客户现场进行调研，从而开发出能真正满足客户需求的省空间、省能源型产品。可以说，这是该公司的一大得意之作。

图 2-1 日本油泵时隔数年开发的新产品“Vortex C”的样品。

“Vortex C”的特别之处，在于泵与气旋过滤器的一体化结构。

与日本油泵一样，许多在利基市场中拥有稳定客源的大中小型制造商也已开始采用“在基础产品上，依据客户的具体需求进行定制”的“定制设计”方式了。但是，这种看似满足“客户需求”的设计，却并非都能让客户真正受益，因为其中存在着诸多陷阱。“Vortex C”就是为了摆脱这一陷阱而开发出来的新产品。

那么，怎样才能真正满足客户的需求呢？如何才能兼顾客户需求的满足与设计的高效性呢？让我们试着从两家设备制造商的案例中寻找答案。

01 产品设计的基本思想

首先，我们不能全盘否定以现有产品为基础，设计出满足客户具体需求的定制性产品的做法。事实上，这的确会提升客户满意度，是很成功的做法。

但是，随着市场和竞争对手的全球化，擅长定制设计的公司将不再一劳永逸。新兴国家的制造商不断用低价产品占领市场，而在不断萎缩的日本国内市场中又很难实现突破。一旦失去了海外市场的竞争力，企业就会逐渐陷入绝境。而如果每一次都要为特定客户重新设计产品，又会难以维持竞争优势。

要知道，客户说出口的需求，有时候未必是他们真正想要的。实际上，那里可能埋藏着陷阱。

其一，“创造新产品”是一件很难的事。因为现有的产品中包含着大量细节，想要从根本上推翻重塑几乎是做不到的，能做的不过重复进行类似的设计罢了。其二，设计人员很容易陷入惯性思维，很难开发出面向海外等新市场的强劲产品，也就无法为客户提供新价值。

如果没有明确的设计规则或者管理机制，就会出现“设计效率低下”的问题。如果没有整理出设计基准、设计依据、标准和配件，就会经常出现不知不觉又在重复以往类似设计的问题。一般而言，设计师只会运用自己掌握的知识独立开展工作，这样虽然可以源源不断地创造出衍生产品，却并不能有效地利用过往的资源和知识，最终造成设计工作的无效重复。

特别是擅长定制设计的大中小型制造商，更是会经常遇到此类问题。在这种情况下，知识和专有技术将成为个人的专属物，逃脱不了最终消散的命运（图2-2）。长此以往，势必会导致制造、检查、购买等过程中的浪费，造成QCD（质量、成本、交货时间）的下降。归根结底，利益受损的还是客户。

为了满足客户需求而实施的一系列改造，不仅给制造商带来了很大的负担与浪费，还给客户增添了许多麻烦。很多时候，这种做法表面上似乎满足了客户的需求，但实际上并没有真正解决客户的问题。

为了避免此类问题的发生，日本油泵打破常规做法，开发出了上文中提到的机床专用冷却水泵。与此同时，一直因设计效率低下而头疼不已的兵神装备公司（本部位于神户市，以下简称“兵神装备”）也开始重新审视设计依据，实行标准化管理，构建出一套用于支持产品设计的IT系统。虽然两家公司的做法完全不同，但他们都在掌握客户真正需求的道路上迈出了重要的一步。

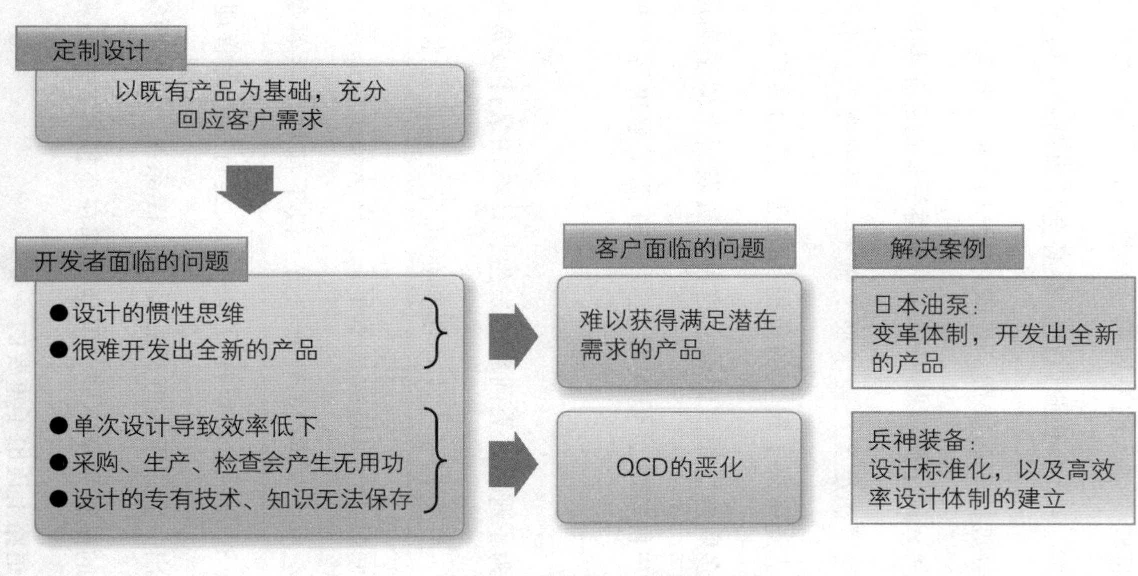

图 2-2　设计上的客户需求陷阱

▶以完全不同于竞争对手的产品取胜

“以往，我们的客户基础很牢固，技术方面也毫无问题。但是如果一直安于现状，就无法开拓新客户和新业务了。”日本油泵董事长中尾真人在回顾公司发展问题时如是说道。

该公司在用不同齿数的两个转子（外转子和内转子）进行啮合旋转的“摆线齿轮泵”技术方面可谓是独占鳌头，并且已经运用这项技术开发、制造出了用于机床的油泵。此外，该公司生产的产品还包括建筑、土木工程机械专用的油压马达及使用旋切刀片的食品机械专用水泵等。

受2008年雷曼事件冲击导致业务量急剧下滑后，中尾真人临危受命，接到了使该公司复兴的任务。令他不安的是，虽然销售额在下降，但由于公司整体事业依旧较为稳定，所以大多数人没有加强危机意识。

中尾真人说：“为了实现长远发展，我们必须让

QCD 中至少一项达到极致优越的水平，或是制造出前所未有的新产品。如果一项也达不到，我们又要依靠什么来开拓海外市场呢？我们只会在与海外制造商，特别是以低价优势强力进攻的新兴国家制造商的竞争中落败，且最终必将被整个行业淘汰。”

因此，在 2009 年 12 月制定的三年计划中，他决定“用超出客户期待的产品来开拓新市场”。这一计划的核心便是利用自身技术优势，开发出一款机床专用的新型冷却水泵。

冷却水泵是将润滑液和冷却液供应至机械加工部件的装置。丹麦的格兰富公司一直是这个行业的龙头老大，占据了压倒性的市场份额优势。日本油泵并没有与这个巨头企业正面对抗，而是另辟蹊径，采用“找出客户潜在需求”的策略与之一决胜负。

▶过滤器和泵的集成

在这一思路的引导下，日本油泵于 2011 年推出了“Vortex C”产品，也就是上文中试制的成品。这一产品颠覆了迄今为止同类产品的设计常识，通过对气旋过滤器和泵的集成，实现了冷却液循环系统体积的大幅缩减并大大降低了能耗（图 2-3）。而冷却液循环系统的小型化和简单化正是客户最大的需求。

传统的冷却液循环系统可以通过供给泵末端的气旋过滤器去除异物。无法去除的直径为数十微米的微小异物，则会在线路滤波器中被去除。随后，冷却液会被送入冲洗槽，再通过中压离心泵提供给机床使用［图 2-4（a）］。

Vortex 采用了该公司的领先技术——摆线齿轮泵。摆线齿轮泵容易受异物的影响，但工作效率极高。通过与气旋过滤器的组合，中压泵具备了供给泵的功能。

如此一来，就可以削减掉供给泵和冲洗槽，从而大大减少冷却液循环系统的体积［图 2-4（b）］。同时，减少安装在机床背面的该系统的空间，还能

图 2-3　机床用冷却水泵“Vortex C”

气旋过滤器与水泵实现一体化，可以大幅简化传统的冷却液循环系统。

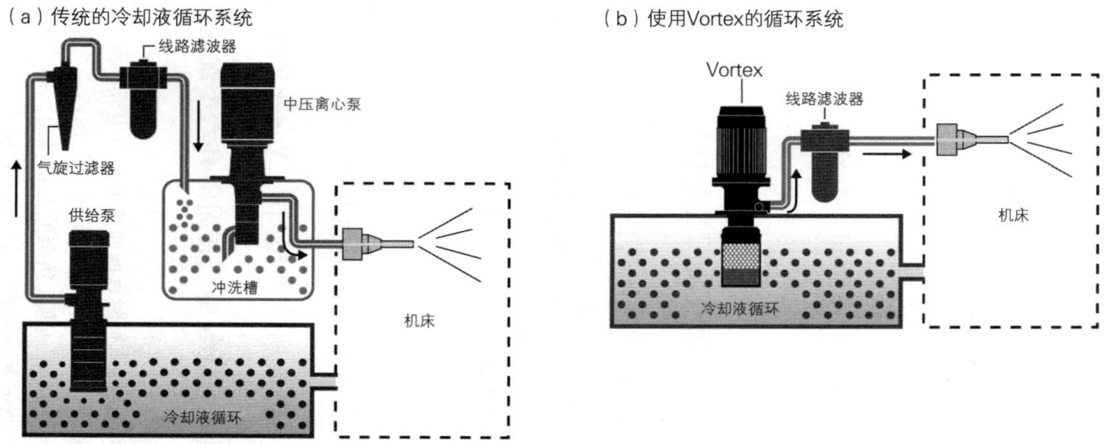

图 2-4　冷却液循环系统

（a）传统的冷却液循环系统中，供给泵抽取上来的冷却液会通过过气旋过滤器和线路滤波器完成过滤，流入冲洗槽。然后，冷却液会经由离心泵进入加工中心。从整个过程来看，系统体积较大。（b）使用 Vortex 的循环系统，由供给泵抽取上来的冷却液只需经过线路滤波器即可流入冲洗槽。

更好地确保机床周围的运动路线。

Vortex 中使用的摆线齿轮泵消耗的功率比一般的离心泵低约 40%，且泵的数量有所减少，可以达到更佳的节能效果。对于机床制造商而言，可以省去安装泵和冲洗槽的费用及时间，自然也就能带来更高的效益。

传统的冷却液循环系统使用的是抗异物的离心泵，这种系统也可以仅配置如图 2-4（b）中所示的泵和线路滤波器。但是，线路滤波器的维护时间间隔很短。而如果使用配置相同的 Vortex，维护时间间隔可增加 24 倍。

Vortex 的结构特点在于其具有双重结构的气旋。气旋的集尘原理与气旋吸尘器相同①。Vortex 的中心部位有一个大型的一级气旋，其周围有六个细的二

---

① 在空心锥形气旋的内壁附近面向狭窄开口生成旋流，在中心轴附近面向较宽开口生成旋流。受旋流产生的离心力的作用，高密度异物向内壁移动，通过狭窄的开口排出。中心轴附近的净化介质（该案例中为冷却液）通过宽开口排出。

级气旋。一级气旋用于收集较大的异物，这里的漏网之鱼会被二级气旋捕捉。通过两段式的结构，可以达到净化冷却液的目的（图 2-5）。

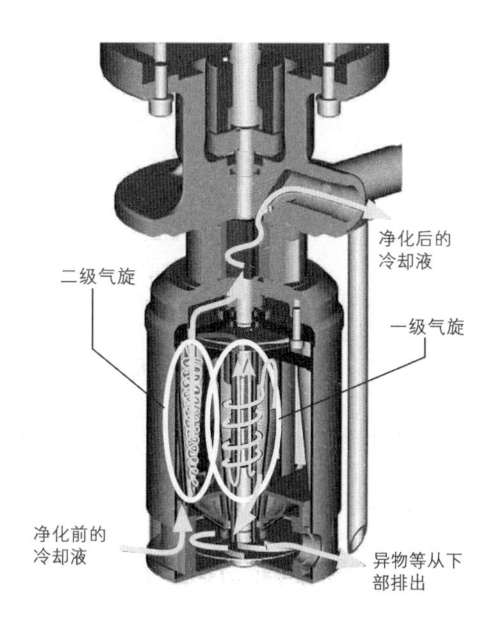

图 2-5 Vortex 的气旋过滤器部位

气旋过滤器与水泵一体化可以大幅简化传统的冷却液循环系统。此外，与图 2-3 不同，吸入口的类型也比较多。

02 造出开辟新市场的新产品

事实上，在 Vortex 面世之前，日本油泵的开发工作已经出现了十几年的断档。因为该公司的商业模式特征是基于客户的详细需求对既有的基础模型进行改造，也就是所谓的定制化服务。

但是，这种做法只能造出少量的衍生产品，无法获得丰厚的利润。“我们将客户的需求放在首位，却导致工程师失去了思考新创意的灵活性，开发工

作也因此变得僵化。”(中尾真人)[①]

鉴于此，在开发 Vortex 时，该公司对开发体制做了彻底的重组。将过去技术部门、销售部门和制造部门各自为政的垂直型组织架构改为合并了部分销售部门和技术部门的“新开发部门”，由销售部门负责人统一进行管理。这样做能彻底摆脱既有技术的束缚，真正找到市场的潜在需求，进而开发出能真正满足客户要求的产品。在这个过程中，公司还会为开发人员安排训练营活动，以便深入探讨什么才是让客户满意的产品。

此外，还有一项重大调整。在 Vortex 的开发项目中，该公司在外观设计方面投入了更多的精力。他们委托了一位工业设计师对产品方案进行反复修

---

① 同时，中尾也表示，如果想要开发出一种完全不同于既有产品的新产品，“除非开发过程十分轻松有趣，否则就不会造出全新的品种”。所以他认为挑战新技术的乐趣会成为改变风格主义设计现场的原动力。“面对未知的问题，不断重复试验和试作，直到造出新的结构，基于得到的结果再次进行思考，这个过程是充满了乐趣的。”(该公司 Vortex 事业部负责人、工程师兼开发总负责人川野裕司)

改，并最终拿出了全新的产品设计图。中尾真人表示：“全新的产品更需要有吸引眼球的元素，这样我们才有机会获得市场的认可。”而通过外观吸引客户，是最有效的方式。事实证明，这项投入很有价值。尽管Vortex只是一件简单的机床配套设备，但它还是凭借出众的设计获得了2011年优秀设计奖，并引起了广泛关注。

Vortex的黄金时代刚刚开启。虽然向来保守的日本制造商对这一全新产品持谨慎态度，但新兴国家的制造已经表现出了强烈的合作意愿。未来，日本油泵还将不断扩充产品类型，对基本产品和配件进行重新梳理，彻底摒弃受客户需求影响的定制化设计模式①。同时，该公司也计划将这种设计模式推广至其他产品中。

---

① Vortex的高端机型“Vortex E”系列已于2012年9月上市。其配备有一个称为“涡流过滤器”的网状过滤器，比气旋更能精确捕捉微小异物，甚至适用于气旋难以解决的流体和异物间密度差异较小的情况。

▶设计中浓重的个人色彩

正如开头所述，在定制化的设计模式中还存在着设计效率低下的问题。开发和制造工业泵的兵神装备也存在类似的问题。“设计的标准化与高效化迟迟无法实现，不仅规格繁复，就连设计方针也会因设计负责人而改变，最终导致了品质差异。”（该公司常务执行官、设计部部长土田幸男）

基于以往设计的客户需求提供定制化服务的过程中，设计的专有技术和知识难以得到公开，这样的低效工作带来了很大的风险。为了解决设计中完全依赖设计师的问题，该公司开始构建标准化的设计体制及设计支持工具。这项工作始于2011年，现已基本成形。

部分工具也已逐渐成形。接下来，我们一起看看开发部门中涂装、填充系统小组的成果示例。该小组正在开发一款名为“分配器”的设备，该设备可以定量投放食品或药品（图 2-6）。图 2-7（a）是计划中的设计数据库列表。今后，所有的产品设计步骤及设计支持工具都将被存储于此。该数据库会在内联网上公开，待设计者选择完产品、周边零件、模块等物料后，会自动显示出产品设计步骤列表，并可启动设计支持工具［图 2-7（b），图 2-7（c）］。设计步骤列表会在下文中进行说明。

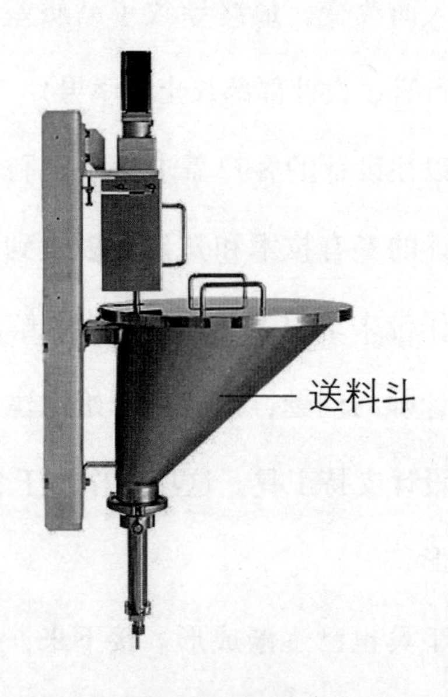

图 2-6　分配器

用于定量滴落食品、药品等物，或向容器内填充物品。图为“NVDL”类型的送料斗。

例如，在设计用于将液体等装入分配器的送料斗时，确定送料斗的容量、指定一些参数或输入数值后，系统会自动计算出每个零件的尺寸。接下来，只要基于标准图（主图）改变尺寸等参数即可。同时，由于系统对设计方针和计算依据也做了说明，因此也可以用作新手培训教材。

使用该系统开展设计工作，可以针对每个订单和设计负责人统一不同的设计，实现设计过程的统一。一旦主图确定，销售人员就可以基于这一图纸向客户进行说明。

将基本设计标准化后，可以从满足客户所有要求的定制化设计模式转变为基于标准设计框架内的定制化设计模式。这不仅可以提升设计效率，也能降低生产部门及采购部门的负担，从而有效提高QCD。兵神装备正在构建的系统，正是实现这一目标的基础。

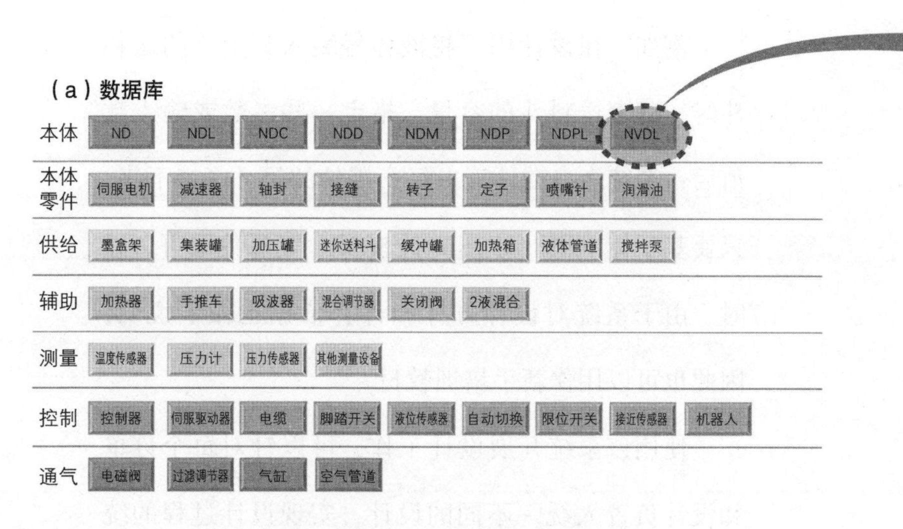

图 2–7　涂装、填充小组正在建设的设计数据库

从设计数据库（a）中选择要设计的分配器时，会显示出设计步骤的工作表(b)。单击要使用的工具时，会显示设计支持工具(c)。输入并选择所需的参数和数值时，会自动显示尺寸等信息。同时，还介绍了设计原理和计算内容。

(b) 设计步骤

设计步骤		详细内容	使用工具
1	确定规格	·确认输出参数，明确要求规格 ·RS 尺寸 / 送料斗形状为最低限度要求	“NVDL 标准规格一览” “NVDL 标准件名一览”
2	针形喷嘴设计	·根据要求规格，确定针形喷嘴 ·根据需要，实施排气压力等计算	“NVDL 标准件名一览”
3	多级设计	·多级设计需进行讨论	
4	套管B设计	·依据通用标准，确定采用标准 / 非标准 ·若采用非标准，则每次进行确认 / 商谈	“通用标准” “NVDL 标准件名一览” 套管B及螺丝参数
5	送料斗设计	·依据设计标准，确定尺寸 ·若为标准外，则每次进行确认 / 商谈	“单体——斜圆锥——设计标准” “单体——圆锥——设计标准”
6	动力计算	·驱动机是依据泵的尺寸来确定的，因此原则上无须讨论，但也要注意具体的液体特性。 ·今后的讨论问题	
7	基础设计	·是依据泵的尺寸来确定的，因此不需要 ·无法使用标准的情况下，每次进行设计	
8	分配器确定	·基于 1~7 的情况确定	“NVDL 标准件名一览” “NVDL 原版模型外形图” “NVDL 原版模型截面图”
9	送料斗盖设计	·依据设计标准，确定尺寸 ·若为标准外，则每次进行确认 / 商谈	“单体——斜圆锥——设计标准” “单体——圆锥——设计标准”
10	基座设计	·若兵神装备可以掌握到通用库，则有设计标 ·准除此之外，每次进行确认 / 商谈	“包括通用库的主图面”

(c) 设计支持工具

输入

项目	符号	数值	单位
送料斗容量	V	40	L
参考送料斗角度	α	45	°
套管 B 连接	—	106	—
最大送料斗内部尺寸	Rmax	500	mm
上边距	β	20	mm

α：参考送料斗角度　　→角度：假设有45度、60度两种。
根据液体性质判断，液体流动性差时采用60度。
Rmax：最大送料斗内部尺寸→根据以往实绩，采用500mm。
β：上部余量　　→采用目前一直使用的20mm。

确定套管B即可确定下部圆筒内径和下部圆筒高度。

套管 B 连接	下部圆筒内径	下部圆筒高度	尺寸	不带螺丝	带螺丝
50.5	35.7	25	1.5S	N04,N06	–
64	45.3	25	2S	N08,N10	N04~N10
77.5	57.2	30	2.5S	N15	–
91	72.3	35	3S	N20,N29	N15
106	85	40	3.5S	N30	N20,N29
119	95	50	4S	–	N30

输出

项目	符号	数值	
下部圆筒内径	r	85	mm
下部圆筒高度	L	40	mm
下部圆筒体积	V1	0.23	L
送料斗内部尺寸	R	534	mm

V1=π*r^2/4*L/1000000
圆锥部位的体积按下列计算公式计算，可求得“R”
V-V1=1/12*π*tanα*(R^3-r^3)/1000000
R=[12*1000000*(V-V1)/(π*tanα)+r^3]^(1/3)

如果R>Rmax，就设置一个直线部分。
接下来，根据R和Rmax的大小关系分别进行考虑。

R <= R_max
×

圆锥部位高度（无余量）	h	449	mm
圆锥部位高度（有余量）	he	469	mm
送料斗内部尺寸（有余量）	Re	554	mm
圆锥部位体积	V2	44	L
实际容量	Ve	45	L

h = (R-r)*tanα
he = h+β
Re = R+β/tanα
V2 = 1/12*π*tanα*(Re^3-r^3)/1000000
Ve = V1+V2

R > R_max
○

圆锥部位体积	V2	33	L
圆锥部位高度	h	415	mm
上段圆筒体积	V3	7	L
上段圆筒高度（无余量）	t	37	mm
上段圆筒高度（有余量）	te	57	mm
上段余量体积	V4	4	L
实际容量	Ve	44	L

V2 = 1/12*π*tanα*(R^3-r^3)/1000000
h = (Rmax - r)*tanα
V3 = V-V1-V2
t = V3*1000000/(π/4*Rmax^2)
te = t+β
V4= (π/4*Rmax^2)*β/1000000
Ve = V1+V2+V3+V4

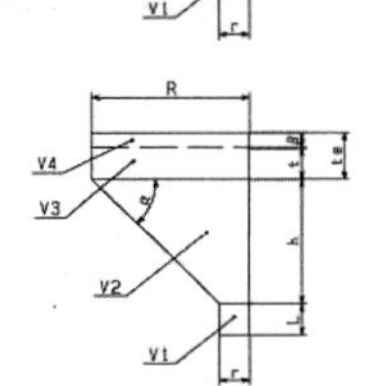

▶识别并实现设计依据的统一

实际上，兵神装备的销售额已经实现了连续 15 年稳步增长，并且呈现出了良好的发展势头。然而，不断增长的订单数，让现场的设计人员有些不堪重负了。迄今为止，该公司的设计人员一直在努力赶工。但由于他们都是在自己的知识范围内参考过去的图纸进行设计的，因此即便是相同的产品规格，也可能因为负责人不同而导致参考了不同的图面，或生成了不同的设计结果。虽然产品本身的性能和质量毫无问题，但设计思想、设计标准和专有技术的共享还处于一个空白的阶段[①]。

设计人员已经意识到了这个问题，并深感制定标准的重要性。从依赖员工的工作方式，转变为任

---

① 尤其是近年来，设计的前期吃重（Front Loding）使设计部门的负担变得越来越重，出现了工作效率逐步走低的趋势。而且，制造现场与设计部门在设计意图的交流方面，也已经不像从前那般默契了。

何人都可以确保相同品质的标准化、系统化工作方式，这一点十分重要。因此，他们大胆决定将设计的系统化作为一个独立的项目来推进，并制定出了精确的日程计划[①]。这一切，都是为了实现“设计思想的标准化”。

土田幸男认为：“在使用既有的设计资源方面，我们不可毫无章法，而是应该改变接收订单的方式和设计方式，成为一家真正的开发型公司。”因此，该公司决定对现有的个人色彩浓重的设计依据和设计专有技术做一次重新识别，在部门内部建立统一的设计标准，并构建一个可以共享和易于使用的系统。

为此，应对每个机型的设计步骤和设计依据进行整理，并构建一个设计支持工具组，可以充分利用上述的依据或技术，进行规格的输入以及尺寸的

---

① 兵神装备也试过让每个团队借助 QC（Quality Control，品质控制）的力量来提高设计效率，但是由于方法不同，并未获得明显的成效。于是，其决定求助外部顾问。最终确定了顾问公司 O2（总部位于东京）。

输出等工作。借助这一工具组，可以让所有人在短期内达到相同的设计品质。

▶利用 DSM 整理设计参数

话虽如此，设计标准的建立绝非易事。其中最困难的部分，在于识别出设计所需的输入项和输出项。具体来说，就是准确地识别出设计所需的规格，以及与之相应的尺寸和材料等输出内容。简单来说，就是对设计思想和设计依据的识别和再分析。

在寻求顾问的帮助、反复询问技术人员后，兵神装备的设计人员整理出了设计所需的输入项和输出项，确认了是否存在设计依据，并最终列出了大约 120 个项目。随后，设计人员使用 DSM（Design Structure Matrix，设计结构矩阵）[①] 对每个识别出的

---

① DSM：将要素排列在矩阵的顶部和左侧，并根据输入和输出之间的关联性输入符号和数字，以整理这些要素的关联性和因果关系。

项目的相关性进行了分析。其中，识别这些输入项和输出项是最困难的。“其中有一些很难评判是否正确，需要花费很多时间和精力”（兵神装备技术部涂装、填充小组负责人上过英史）。同时，兵神装备也力图实现设计步骤的标准化。

▶将设计的工作量减半

在整理了各个项目之间的关系后，该公司开始为每个产品和零件创建如图 2-7（c）所示的设计支持工具。该项目组的课长助理田中雄介使用表格计算软件创建了一个工具并将其发布到了公司内网上，以便提升项目成员的水平。

以往，因为没有设计标准而造成过度设计的情况时有发生。例如，对于重心较高的产品，为了提升其稳定性，与地面的接触部位一般会设计得比较长。但基于此次为了制定标准而重新识别出的设计依据进行计算后就会发现，这个长度其实已经超过了必要值。

新系统投入使用后可以消除此类浪费、降低材料成本。田中雄介表示：“运用该系统后，设计工作预计能减少到现有工作量的1/3~1/2。而减少设计的工作量后，我们将有更多的时间和精力来思考如何设计出更加便于制造的、更具创意的产品。”

第三章

超越实验的产品设计模拟

CAE可以让模拟变得更加多样。以往，企业都是使用试制品来替代实验，以达到降低成本和缩短开发时间的目的。但近些年来，模拟的使用频率越来越高，因为它可以弥补实验中的不足，让企业获取一些实验中得不到的信息。

探究隐藏于产品深处的现象，或将达到彻底改变设计的目的。

01 看见肉眼看不见的现象

计算机画面中，一辆客车驶入沙地，卷起沙土，向外侧翻。这个仅有几秒钟的模拟动画，运用了有限元法（Finite Element Method，FEM）中的结构分析和流体分析方法①。从这个动画中，我们可以了解沙子产生的压力以及轮胎承受力的变化过程。

经由模拟来研究无法通过实验得到准确测量的现象，这种做法已经越来越普及了。因为无论是模拟的技术还是覆盖范围，都已经得到了很大的突破。

---

① 在本文中，“模拟”是通过 CAE（Computer Aided Engineering，计算机辅助工程设计）进行的数值分析。

企业可以通过这项技术，揭开一些事物的神秘面纱。

模拟的一大优势在于能够探明无法物理安装传感器或测量设备的部位的状况。如果能对模拟进行合理运用，就可以看到并更好地理解一些过去看不到的现象（图 3-1）。

为什么模拟的优势直到最近才被广泛运用？原因之一在于“开发部门的全体成员都对模拟有了更加深入的理解，并且愿意将其视为可以体现现实的技术”（狮王研究开发本部包装与容器技术研究所副总裁研究员中川敦仁）。

2011 年前后，狮王公司开始将牙刷的模拟技术确立为开发部门的“官方技术”。在此之前，只有一位研究员（研究所副主任研究员村田善保）对此进行过研究，而且只是在私人层面上得到了其他研究人员和设计师的使用。事实上，这一研究成果在当时已经被广泛应用于牙刷的开发工作了。换句话说，模拟是开发部门人员都能接受的优秀技术。在推动

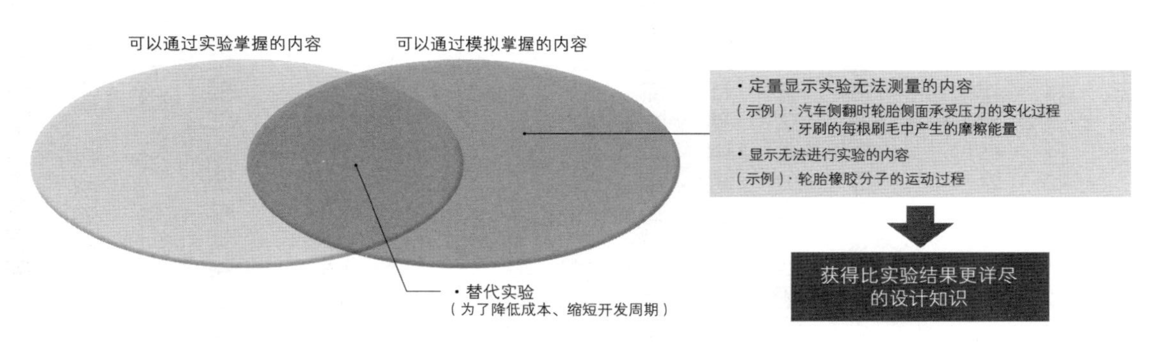

图 3–1 获得无法在实验中得到的认知

随着模拟的可靠性越来越高，可解析的范围越来越广，人们已经可以通过模拟测量传统实验中不可测量的部位，开展传统实验难以实施的内容，并从中得到新的认知。

其成为“官方技术”的过程中，该公司将模拟结果与实验结果进行了比对，确认它能够以“对模拟技术人员和非相关工作技术人员都具有说服力”的水平来体现现实。

过去，模拟总给人一种“构建于虚拟世界，与现实世界有差距”的感觉。在计算机尚未获得强大计算能力的过去，只有具备优秀专业技能的人，才能保证在不断节约计算量的同时，得到合理的模拟结果。因此在周围人的眼中，这就像是在虚拟空间中做一些非常特别的事情一样。

▶从理所当然的运动中得到的知识

如果可以通过这种方式合理进行模拟，就可以用模拟替代大部分实验。当然，这不是单纯的替代，因为模拟不但可以看到比实验更多、更准确的现象，还能获取更多的知识。换句话说，模拟已经开始超越实验了。

对现象的了解越深入，设计就做得越完善，而这也会成为确定设计方针的重要依据。模拟技术能“判断设计方案的优劣”，使用起来也十分高效。

住友橡胶工业于 1993 年导入了超级计算机，希望通过模拟“探究原本如黑匣子一般的未知现象，摒弃传统依靠经验和直觉进行设计的方式，将模拟技术用于产品概念构建和概念设计中”（住友橡胶工业材料开发本部材料第三部代理课长内藤正登）。开发了汽车侧翻模拟技术的日产汽车企划、先行技术开发部车辆性能开发部性能开发推进小组代理课长福岛达也也表示：“不先对现象进行解析，就无法进行实验。”

模拟技术最有代表性的效果，当数一些看起来理所当然的现象。例如，汽车行驶、轮胎滚动的现象。说起来或许难以置信，但在进行模拟之前，的确没有人知道轮胎与地面发生接触时的样子，以及突然刹车或转向时轮胎会发生怎样的变化。那是一个犹如黑匣子般的未知领域。确立了刷牙模拟技术的狮王公司的中川敦仁也表示："刷牙是一个怎样的过程？即便我们是全球顶级的牙刷制造商，此前也不曾认真考虑过这个问题。"

02 经典案例1-日产汽车：探明侧翻时发生的现象

2013年6月，日产汽车在计算工学研讨会等会议上发表了车辆侧翻模拟的成果①。[1]该公司成功模拟出了车辆在沙地上侧翻、单侧车轮驶上斜坡、车辆从斜坡上滚落，以及车辆被石块等障碍物绊倒侧翻的现象（图3-2）。

日产汽车决定进行车辆侧翻模拟，主要是为了应对美国出台的一项新政策——必须保证发生翻车事故时的乘员安全。该政策规定，车辆发生侧翻事

---

① 因其具备极高的实用性，获得了第18届计算工学研讨会最佳论文奖。

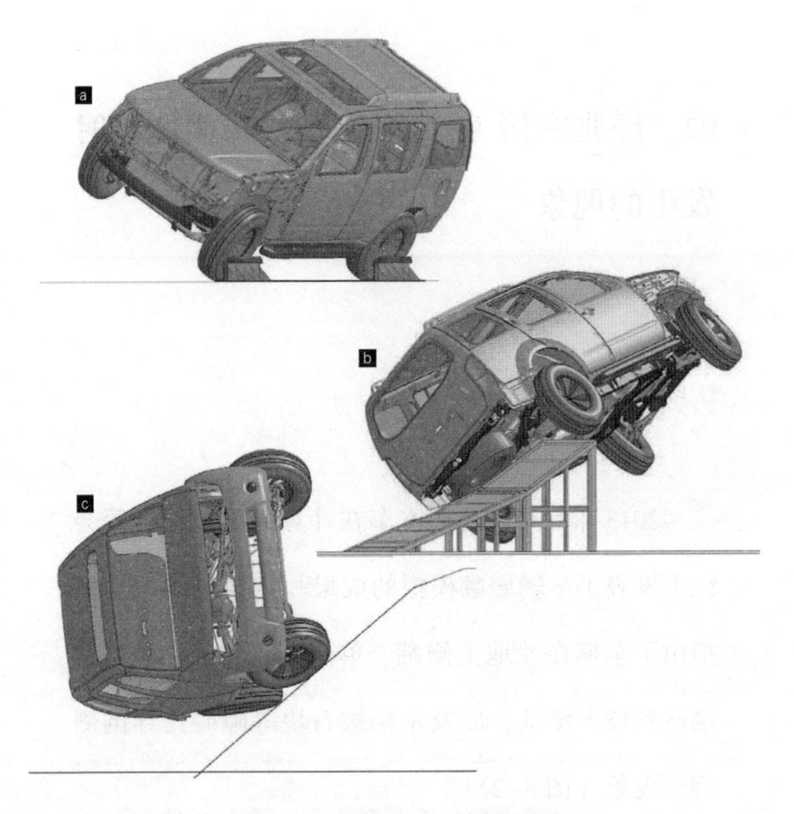

图 3-2　日产汽车的车辆侧翻模拟

成功实现了（a）被石块等障碍物绊倒、（b）单侧车轮驶上斜坡、（c）从斜坡上滚落等状况的模拟。

故时，乘员头部探出车窗的距离不得超过 10 厘米。

车辆侧翻时，乘员侧面的帘式安全气囊会弹出，以保护乘员的头部，但打开该气囊的决定和时机非常重要。没有发生侧翻时绝不能打开，而发生侧翻时必须及时打开，否则依旧无法起到保护作用。为了设定合理的时间和条件，首先要做的就是了解现象。

通过实验对安全性进行最终确认依然很重要。事实上，这项模拟工作最初就是为了保证实验的成功率。“造车是以不会翻车为前提的，翻车是一件很可怕的事”（日产汽车福岛达也）。用大型实验装置试错需要花费大量的时间和成本，而且如果实验中无法顺利翻车，会造成时间等资源的大量浪费。模拟是决定实验能否成功的关键。为此，需要有“能够可靠评估实体车是否会侧翻的高精度”（福岛达也）。

▶传感器不能埋入沙子中

通过确立模拟仿真技术，设计人员发现了一些在实验中无法获得的知识。例如，车辆在沙地上侧翻时，轮胎和车身侧面的力的变化可以通过切割沙子的横截面来进行观察。“通过实验来测量沙子表面承受的压力也不是不可能，但确实非常困难”（福岛达也）。

此外，通过模拟也可以更好地看出压力的分布和变化。车辆侧翻瞬间，压力集中分布在轮胎与地面接触的部位，其后轮胎慢慢沉入沙中，压力的分布范围也变得越来越大（图 3-3）。而车辆被石头绊倒并发生侧翻的情况不同，压力的受力部位几乎是恒定的，在整个侧翻过程中不会发生改变。福岛达也表示：“受力的位置决定了侧翻的整个过程。”这一点很好理解。

对车身进行有限元法结构分析，对沙地进行流体分析，结合二者即可得出沙地侧翻的模拟过程。车身上采用的全车模拟技术，是福岛达也自 2000 年以来一直在研究的一项技术[①]。

---

① 使用的工具是美国 Liver more Software Technology 公司的“LS-DYNA”。

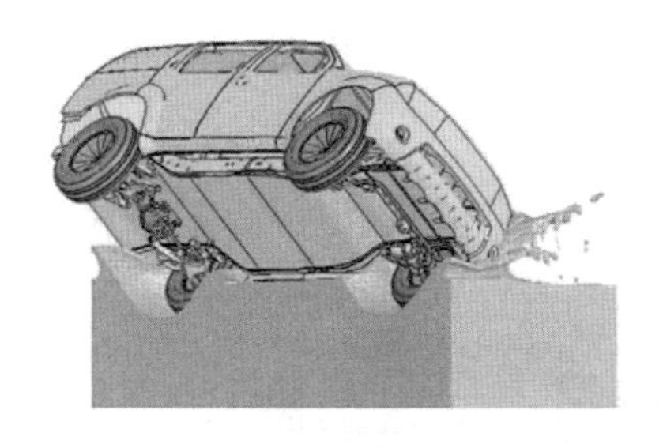

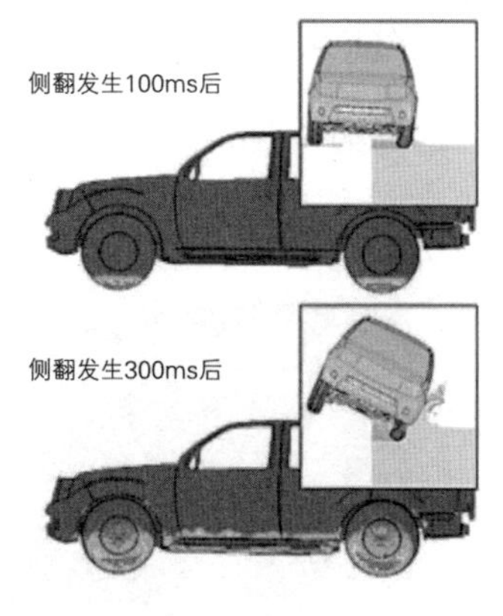

图 3-3　只能通过车辆侧翻模拟获得的知识

探明车辆在沙地上侧翻时轮胎侧面受到的力。右上方是侧翻发生 100ms 后，右下方是 300ms 后（红色区域为大压力区）。侧翻发生过程中，受力的范围和变化很难通过实验测量。

当时，该技术已经可以实现汽车碰撞分析，福岛达也表示下一步是“让汽车在计算机上跑起来”。他尝试再现了车辆与石头碰撞、突然打方向盘转弯，以及急刹车让车辆停止的状态①。例如，让两辆汽车在急转弯、急刹车后发生碰撞——这 1.5 秒钟的模

---

① 在已知零件特征的前提下，通过机械分析对汽车行驶状态进行模拟的案例是存在的。但通过输入形状进行结构分析，进而模拟行驶的，“至今尚无其他案例”（福岛达也）。

拟可以达到正常碰撞分析的 30 倍左右的计算量，非常高效（图 3-4）①。

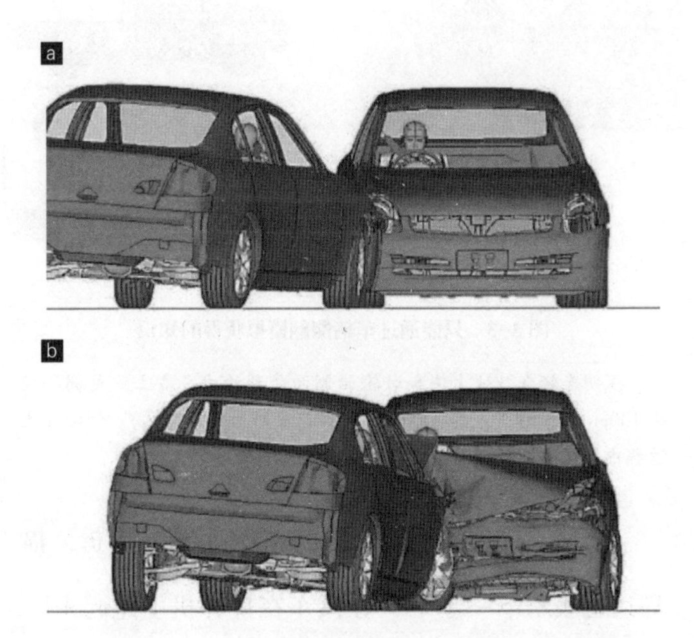

图 3-4 模拟“行驶”、“转弯”和“停车”，这是车辆侧翻模拟的基础

运用有限元法的全车身模型在计算机内模拟行驶。(a) 是红色汽车在急转弯时突然刹车，(b) 是之后的碰撞情况。

---

① 碰撞解析只针对 0.1 秒的瞬间现象。因此，如果让两辆汽车行驶 1.5 秒，就可以模拟出 30 倍的时间。

这些模拟技术催生出了新的侧翻模拟技术。例如，有些侧翻是急转弯导致的，可以借助急转弯模拟技术进行分析。侧翻后车身的受力情况，可以通过碰撞模拟进行计算。可以说，只有构建基本现象模拟技术，才能让复杂现象的模拟成为可能。

03 经典案例2-狮王：探明刷牙的现象及基本原理

狮王模拟刷牙过程，也是为了探明牙刷在工作过程中出现的最基本的现象①。图3-5所示的模型可以显示出牙刷在“刷”牙齿模型过程中的每一根刷毛的运动情况。这是使用3D扫描仪读取齿科专用的牙齿模型形状，划分网格后创建的牙齿模型。向垂直于牙齿侧面的方向对牙刷模型施加恒定的力，可使其进行往复运动。[2]

从模拟技术的角度来看，这是接触后产生大变

---

① “据我所知，这种模拟刷牙的方法应该是日本，乃至全世界的首例。因为我在国外发表这项技术时，并未听说此前出现过类似的研究。”（村田善保）

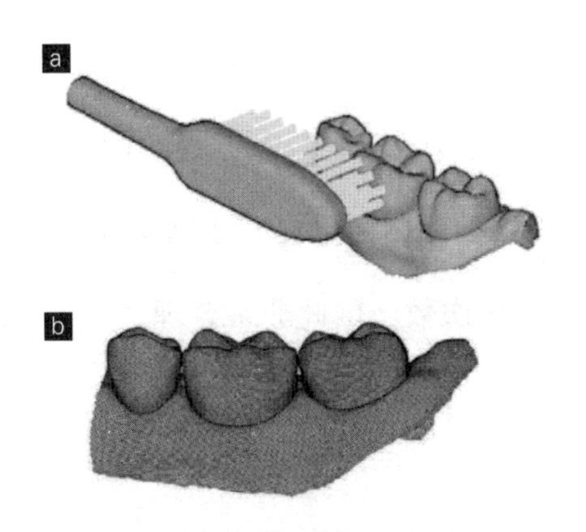

图 3-5 狮王的刷牙模拟

(a) 显示牙刷所有刷毛的模型，可以模拟出以预先设定的力度和速度刷牙时的状态。(b) 从结构分析可以看出，牙刷一旦接触牙齿便会产生大幅形变。这是通过 3D 扫描仪读取齿科牙齿模型数据后创建的模型。

形的结构分析领域①。通过模拟，可以清楚地了解到牙齿和牙龈的受力范围、受力大小，以及刷毛前端的主要接触部位等。

目前比较推荐的刷牙方法是：用牙刷在牙齿和牙龈上轻轻摩擦并进行小幅移动。模拟结果显示，牙刷在改变移动方向的瞬间，刷毛受到的反作用力

---

① 这里也同样使用了 LS-DYNA。

大于在特定方向上移动时受到的力。这种反作用力“被认为是去除污垢和牙渍的主要作用力”（村田善保）。小幅移动牙刷可以提升牙刷移动方向的更改频率，增加摩擦次数，因此非常合理。

▶让牙刷特性的设计成为可能

利用模拟技术，可以清晰地了解不同牙刷形状和前端形态在刷牙效果上的差异。例如，通过模拟可以看出，被狮王称为“systema 毛”的锥形刷毛与粗细均匀的普通刷毛相比更容易深入牙龈线（图 3-6）。“与普通刷毛相比，这种刷毛更喜欢聚集在空间大、阻力小的区域”（村田善保）。模拟过程中会对每一根刷毛的位置进行计算，因此可以得出“systema 毛”的最大到达深度为 2 毫米。同时，这种刷毛的施力较弱，因此需要延长刷牙时间，才能达到与普通刷毛同样的清洁效果。

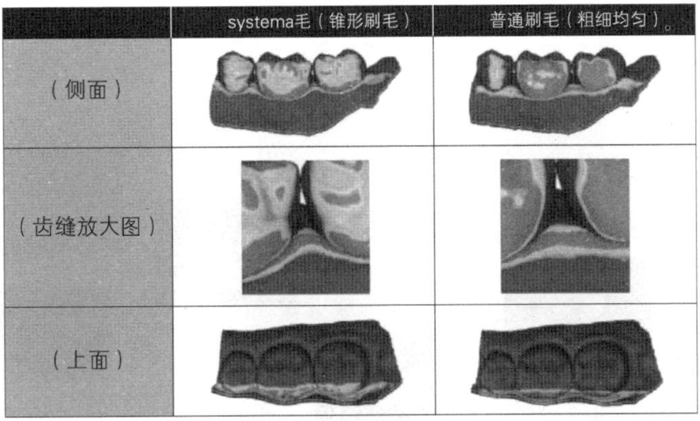

	systema毛（锥形刷毛）	普通刷毛（粗细均匀）
（侧面）		
（齿缝放大图）		
（上面）		

图 3-6 “systema 毛”（锥形刷毛）与粗细均匀的普通刷毛的效果差异

这张图显示的是牙刷与牙齿接触的强度（浅灰色区域为摩擦能量集中区）。可以看出，“systema 毛”能够更好地深入牙齿和牙龈的交界线（牙龈线）内。但是，施加的力要比粗细均匀的普通刷弱一些。由此可见，使用“systema 毛”要求刷牙时间更长一些。

未来，狮王会根据模拟结果确定牙刷的设计方向。例如，某个部位需要施加多大程度的力等。

同时，模拟结果也能成为一种很好的宣传材料。例如，从图 3-7 的模拟结果中可以看出不同牙刷的特性，这可以作为消费者在选购产品时的标准。“今后，牙刷制造商也需要确立统一的标准。就像同时生产多种咖喱酱的食品制造商，需要一项标准来阐

述 A 咖喱的中辣与 B 咖喱的正常辣是同一个辣度等级。”(中川敦仁)

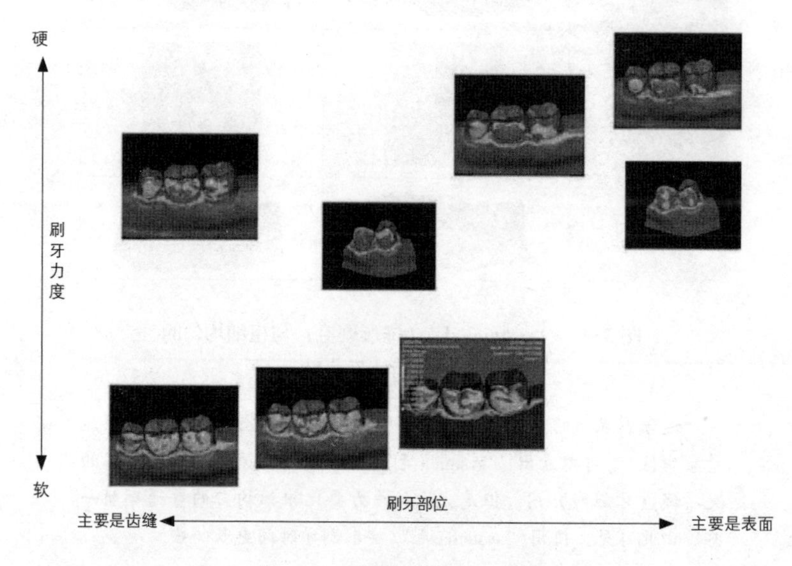

图 3-7　牙刷模拟技术的运用

用色图显示出不同牙刷与牙齿的触碰方式差异。通过了解不同类型的牙齿与牙刷的匹配状况，可以为消费者的选购提供专业建议。同时，牙刷制造商也可以基于这一结果找出最佳刷牙方式，为牙刷设计提供参考。

04 经典案例3-住友橡胶工业：分子水平的模拟

住友橡胶工业正在积极推进“使用模拟技术对轮胎中的橡胶材料进行微观分析”的活动。橡胶材料是在以天然橡胶为主要成分的聚合物中加入作为填充剂（二氧化硅、炭黑等）的补强材料制成的。其内部产生的微小结构会对材料的物理性质产生影响。在既有的基于有限元法进行的微米（μm）级模拟的基础上，住友橡胶工业开始尝试使用基于分子动力学的纳米（nm）级模拟，对每个分子的运动状态进行了分析（图3-8）。与普通模拟相比，这种模拟涉及更为庞大的计算量，因此该公司还从理化学研究所计算科学研究机构调来了超级计算机“京”。

图 3-8 住友橡胶工业针对橡胶材料进行的分子动力学模拟

在分子水平上对橡胶材料中包含的聚合物和填充剂（二氧化硅、炭黑等）的结构进行建模，并且通过模拟明确材料的物理性质。可见，模拟技术已经从基于有限元法的微米级（a），发展成了基于分子动力学的纳米级（b）。

之所以要对材料进行模拟，是因为这直接关系到轮胎的性能水准。低滚动阻力的轮胎可以减少汽车的燃油消耗，但是为了满足制动力的需求，又必须做到贴合凹凸路面、确保牢固的抓地性，而这两个特性是矛盾的。换句话说，就滚动阻力而言，因变形产生的内部热量越低越好。但就制动力而言，动能转换成内部热能的效率又是越高越好。

实际上，滚动阻力是用来应对轮胎转速的，10Hz左右的变形量足以对它产生影响。而制动力是用来应对凹凸路面的，可以承受10万~100万Hz的变形量。因此，应尽量保证轮胎高频振动时能大幅发热，而低频振动时不发热。那么，怎样设计才能最大限度达到这一要求呢？就当前的做法而言，唯一的办法就是通过实验不断尝试不同种类、不同数量的聚合物和填充剂的组合。

▶借助“Spring-8”掌握三维结构

为了更好地掌握材料内部的三维结构，住友橡胶工业从理化学研究所调来了大型辐射设备“Spring-8”。显微镜只能拍摄横截面的照片，对于创建二维模拟模型是足够的，但无法掌握三维结构。

而如果使用“Spring-8”，就可以通过向橡胶材料发射 X 射线，从散射信息中汇总出三维结构。

将这一结构作为微米级区域进行建模，再使用有限元法进行模拟，就可以探明哪些因素会提升滚动的阻力：一是二氧化硅之间的摩擦；二是聚合物长分子末端的无效运动。那么，怎样才能抑制这些摩擦和运动呢？为此，需要更精密的纳米级模拟（图 3-9）[①]。

聚合物只会在特定的位置（变性基团）上与二氧化硅结合。这种聚合物分子和二氧化硅分子会在计算机上模拟混合，创建出橡胶材料模型。通过这些模拟，可以设计出应在聚合物分子中的何处放置聚合物变性基团，应该添加多少二氧化硅，等等。

20 世纪 90 年代开始，住友橡胶工业一直致力于

① 微米级模拟使用“地球模拟器”，纳米级模拟使用“京”。

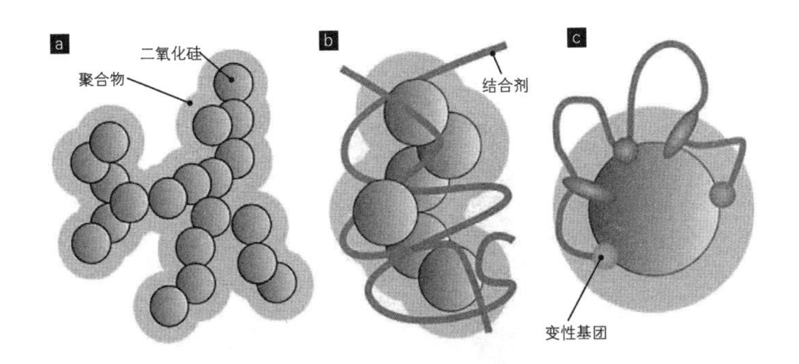

图 3-9　橡胶材料内部的纳米级微观结构

用模型显示出：(a) 作为橡胶材料补强剂的二氧化硅以小块状分布其中；(b) 二氧化硅与周围的橡胶材料的主要成分，也就是聚合物结合在一起的状态；(c) 该聚合物在分子中的特定部位（变性基团）上与二氧化硅结合。聚合物设计方法的不同会改变整个橡胶材料的物理性质。

开发一种名为“DRS（Digital Rolling Simulation，数码轮胎模拟）”的模拟技术。最初是为了了解轮胎滚动时接触地面的情况，因为这是实验过程中无法放置传感器的部位，同时也考虑了轮胎周围的状况。可以说，材料的模拟是一种微观观察轮胎内部的方法（图 3-10）。

图 3–10　住友橡胶工业的模拟发展状况

最初，住友橡胶工业只是利用DRS技术在计算机中模拟轮胎的滚动，后来逐渐演变为可以计算车身和路面的DRS II，以及可以计算空气噪声的DRS III。此外，住友橡胶工业也在推进对轮胎结构材料的微观模拟。

将模拟目标从产品本身扩展到外部环境是一种非常自然的方法。例如，从轮胎、汽车到路面，从牙刷到牙齿、牙龈等。从微观角度对产品内部进行仔细观察并探究其中的现象，这是今后的发展趋势，也会成为许多公司未来发展的方向。

日本汽车制造商协会：面向 10 年后的计算性能技术开发

日本汽车制造商协会的数字工程分会正在使用超级计算机“京”和 GPGPU（General Purpose Computingon GPU，通用图形处理器）进行模拟技术的开发。其中，GPGPU 采用了易入手、具有高演算能力的 GPU（Graphics Processing Unit，图形处理器），下文中会做具体介绍。

预计计算量可以达到100~10000倍

使用高性能计算机的最终目的是：及时模拟整个车身，并且以最快的速度获得与实验相同的结果。“但是，就算有‘京’也做不到这一点”（数字工程分会下一代超级计算机验证WG主查梅谷浩之），当前努力的目标是大部分制造商进行的计算量的100~10000倍。“这是基于所有公司都能在十年内拥有与‘京’同样等级的超级计算机这一假设条件”（梅谷浩之）。

以汽车与自行车发生碰撞事故的模拟为例。这一碰撞的全过程大约会持续3秒钟，因此计算量是正常碰撞分析（0.1秒）的30倍。考虑到自行车的方向、速度等变量，一共需要对400种不同情况进行计算，所以这个数值将攀升至1.2万倍。

从计算结果来看，碰撞发生后，大部分的自行车的骑行者会面朝汽车斜飞出去并撞上A柱（挡风玻璃左右两侧的柱子）。在当前的自行车事故假定实验中，撞击器（模拟骑行者的碰撞物体）是从正前方（平行于行进方向）笔直地向车身撞击的。但是通过模拟可以发现，事实上撞击器的撞击方向会稍微倾斜一些。

验证GPU的节能性

用于图形处理的GPU中包含着许多计算核心，因此从实质上来说，它就是一个高性能的并行计算机。GPGPU正是使用这种GPU进行模拟工作的。数字工程分会针对结构分析、树脂流动分析、流体分析和电磁场分析等工具，对在GPU运行时的省时效果、通过使用GPU代替CPU处理来削减工具许可（一般是与CPU数量相关）的效果等进行了调查。

调查结果显示，在将流体表现为粒子集合的粒子法的流体分析工具中，出现了速度提升约2倍、成本降低约 1/3 的案例。

GPGPU 在模拟计算时的功耗，也有望在将来得到削减。实际上，在同一项调查中，已经出现了结构分析工具在计算时功耗减半的案例。功耗的增加已然成为提升超级计算机性能道路上的绊脚石，“无论是计算机还是汽车，对节能都会有越来越高的要求”（数字工程分会下一代超级计算机验证 WG 超级计算机尖端技术调查项目负责人砂山良彦）。

参考文献

[1] 福岛达也、下道雅史、西正人、宫地岳彦、息才秀寿、鸟垣俊和著，《沙地上车辆侧翻的数值模拟》，计算工学讲座论文集. Vol. 18（2013 年 6 月）。

[2] 村田善保、中川敦仁著，《活用 CAE 技术让牙刷性能可视化》，计算工学讲座论文集，Vol. 18（2013 年 6 月）。

第四章

3D 注释模型的产品开发功能与课题

3D 注释模型（3D Annototod Model）用于集中处理制造所需的所有信息。这听起来很美好，但在实际运用的过程中究竟会得到什么样的效果，又有哪些问题亟待解决，这一切都还是未知数。当然，很多企业已经开始努力了。

01　实证项目：模具设计与零件检查

3D-CAD 已经得到了普及，但许多情况下依旧需要 2D 图。虽然 3D 模型可以准确显示出产品的整体形状，但制造过程中需要的不仅有形状，且产品设计中创建的形状可能与模具设计等后工序中所需的形状不同。

3D 注释模型的概念由此应运而生，这是一种向 3D 模型中添加各种信息（产品特性、管理信息等）的方法。利用 3D 注释模型，可以省去同时使用 3D 模型和 2D 图的时间。

▶实证项目

近些年来，电机、汽车等行业在努力普及3D注释模型，并对3D注释模型的功能和问题展开分析。日本电子信息技术产业协会（JEITA）的三次元CAD信息标准化专家委员会，是电机与精密领域的行业团体。迄今为止，该协会一直致力于发行一份3D数据使用指南[1]。在实证项目中，各大企业可以参照JEITA发布或即将发布的规格和指南，在实际运用3D数据的过程中确认效果、找出问题。

实际上，所有的JEITA成员企业都在使用3D注释模型。但是，由于每个企业在实际使用中都难免会涉及一些开发中的产品数据，也就是机密信息，所以无法公开。正因如此，企业才希望通过JEITA活动的形式，达到共享结果和修改规格、指南的目的。

▶专注于模具设计和零件检查

该实证项目主要针对产品设计、模具设计和零件检查三大工序（图 4-1）。以 3D 注释模型展示了产品设计、模具设计和零件检查中涉及的每道工序，阐明了如何进行改善。

例如，在模具设计工序中，可以省去出图后与产品设计者的协商，或者省去因缺陷而导致的模具设计变更。而在零件检查工序中，可以通过非接触式测量的方法，对显示是否满足公差的色图进行自动创建和评价①。

实证项目的具体工作流程如下（图 4-2）。首先，在产品设计阶段，根据 JEITA 制作的《3DA 模

---

① 理论上会在产品设计过程中产生效果，但效果评估一般是在下一个实证项目中进行的。

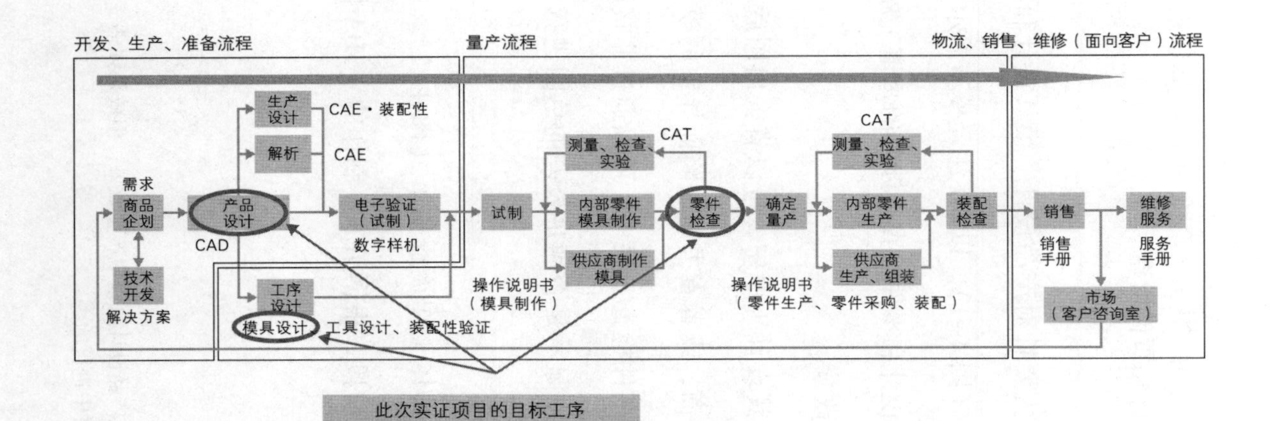

图 4-1　进行实证实验的工序定位

3D 注释模型中传递的信息分布范围很广。此次主要以产品开发、模具设计和零件检查三个过程为对象，研究其在 3D 注释模型的影响下会发生怎样的变化。

型指南 Ver. 3.0》①，使用 3D-CAD 对产品形状进行建模。这个阶段不只针对形状，也会同时考虑模具设计所需的要素。

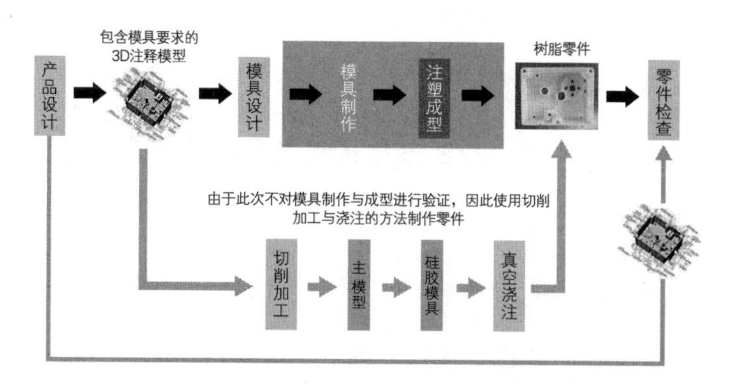

图 4-2　实证项目中三个工序的关系

产品设计过程中会创建一个包含模具要求的 3D 注释模型，接受该图纸的模具设计人员将据此展开模具设计工作。同时，在零件检查过程中也会基于在产品设计阶段创建的 3D 注释模型来对树脂零件进行测量，并通过与 3D 注释模型形状数据的比较来评价精度。

本次实证项目的参考依据为《3D 注释模型模具

---

① 正式名称为《JEITA 3DA 模型指南-3DA 模型创建及运用指南——Ver. 3.0》。其于 2013 年 9 月发布，该实证项目以临时版本为依据。

工序合作指南 Ver. 1. 0》[①]。该指南针对模具要求（模具设计所需的信息）如何反映至3D注释模型中，做了若干个等级的定义。以往，模具制造商在制造过程中一定会查看2D绘图，或者咨询产品设计人员。现在虽然变为参考3D注释模型了，但图中会指定多少内容，是通过注释还是具体形状来传达，这些都需要进行具体规定。

此次实证项目适用“PM3（模具讨论模型）”[②]的等级，即“已经讨论并确认了主模具要求的3D模型”。例如，

肋板等的拔模斜度未作为形状反映在3D模型

---

① 正式名称为《JEITA 3D注释模型模具工序合作指南——〈产品设计〉及〈模具设计、制造〉中3D注释模型的有效使用方法——塑料零件篇 Ver. 1. 0》。制定于2012年7月，并于同年10月发布。

② 此外，对PM1（功能设计模型）和PM5（树脂化模型）做出了定义。PM1：功能主体的设计已经完成，但模具设计、制造之前应予以明确的主模具要求尚未明确，也未反映形状的3D模型。PM5：真实反映已经形成共识的模具要求相关形状的3D模型。其可直接用于模具设计与制造，应作为模塑产品检查阶段的比较对象。PM2和PM4为其中间状态。

中，可以使用“从根部开始添加 1°的斜度”之类的注释。这样就可以省去模具设计和制造开始前针对是否满足模具要求进行讨论的工作了。

接下来，模具设计人员会接收这个 3D 注释模型并展开模具设计工作。如前所述，指南中认为产品设计师和模具设计师之间的讨论是完全可以省略的。此外，项目负责人还会将该方法与过去需要同时对照 3D 模型和 2D 绘图的工作方法进行对比，就工作时间是否可以缩短的问题进行验证。

在实际的量产过程中，会依据完成的模具设计数据对模具进行加工和注塑成型。但是，在实证项目中，出于对成本和时间的考虑，该公司采用了对基于设计数据的主模型进行切削加工，然后以真空浇铸来制造与注模产品类似的树脂零件的方法。

最后，测定树脂零件的形状，并判断其是否符合设计要求。除了使用常见的接触式测量仪外，也会借助非接触式测量仪，将测量结果与 3D 模型进行比较，或者使用几何公差验证指令的有效性。此外，参照JEITA的《使用了3DA模型的测量指南》，可以看出通过自动化和省略工序的方法，可以实现多大程度的工作改进。

需要注意的是，使用3D-CAD等工具会对3D注释模型的流通产生很大的影响，因为对方不一定也拥有相同的工具。因此，此次模具设计工作，计划外包给两家公司。而且规定，一家公司使用与产品设计相同的3D-CAD，另一家公司则使用另一种3D-CAD（图4-3）。

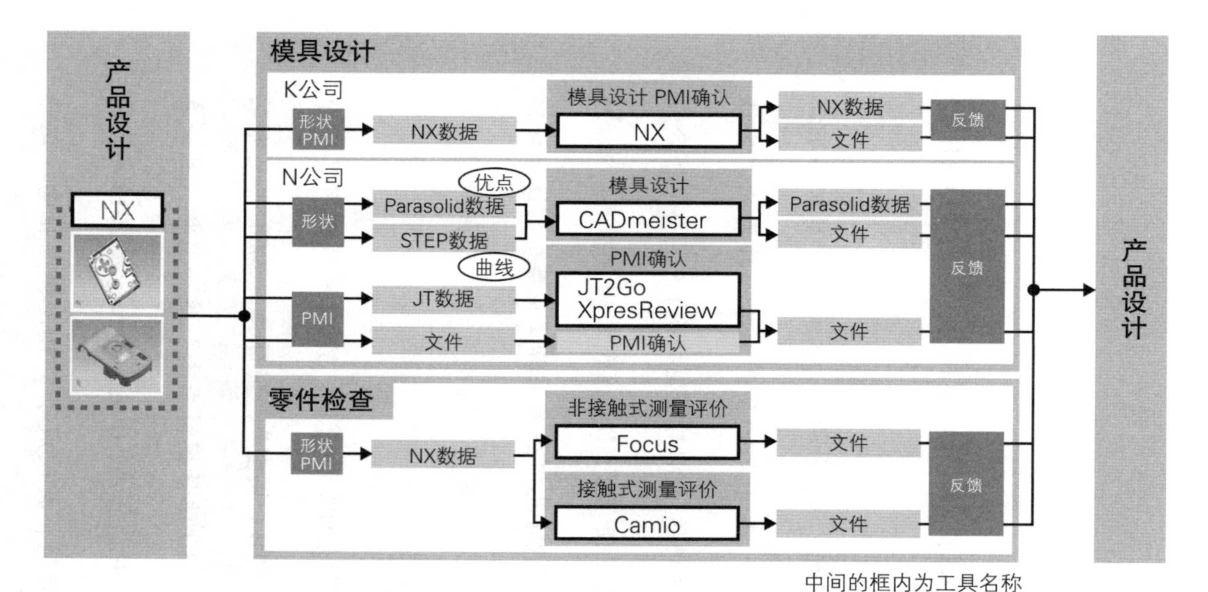

图 4-3　设计数据的交换状况

委托的两家模具设计公司中，K 公司使用的是与产品设计相同的 3D-CAD“NX”，除了形状信息外，也可以对 PMI（产品制造信息）进行交换；N 公司使用的是不同的 3D-CAD，因此必须借助一个中间格式进行交换。PMI 使用的是 JT 格式，但因为接收方的工具（免费查看器）功能不足，所以会导致部分信息无法显示，只能使用截屏文档。零件检查（测量）中，接收方使用的是该工具的转换功能，所以能够进行大部分信息的交换。

JEITA 活动：从 3D 注释模型到 3D DPD

自 2004 年以来，JEITA 一直致力于推动标准化 3D 注释模型等 3D 数据的使用。除了作为此次实证项目中参考资料的《3DA 模型指南》《模具工序合作指南》，以及《使用了 3DA 模型的测量指南》之外，还发布了《3DAM 几何公差注释案例集》《3D 注释模型试用案例集》等资料。这些资料均可在 JEITA 网站上免费下载。

在近期的 JEITA 活动中，3D 注释模型有了一个新名字——“3DA 模型”。实际上，2008 年发布的版本用的是“3D 注释模型指南”这个名称，且一直使用到 2011 年发布“2.0 版”为止。而 2013 年 7 月发布 Ver. 3.0 时，就改成了“3DA 模型指南”这一名称。3D 注释模型的英文本来就写作“3D Annotated Model”，所以写成英文也不会妨碍理解，但有时也需要注意区分传统的 3D 注释模型和 3DA 模型。

“3D-DPD（Digital Product Documentation）”概念的导入就是其中一个例子。到目前为止，3D 注释模型一直是设计成果的核心数据，会被扩展到设计以外的其他过程中使用。JIS 的开发正是基于这一想法，JEITA 也参与其中。

02 产品设计：两种注塑成型品

严格来说，在本次的实证项目中，产品设计是不作为评价对象的。但是在创建最根本的步骤——3D 注释模型的过程中，出现了几个问题。

▶两种注塑成型品

正如 JEITA 实施此次实证项目的原因：即使有历史产品，那些产品的设计数据也很难再被使用。设计人员必须假设出一个虚拟产品，而且不能太过脱离现实，否则无法对其效果进行评价。因此，设计人员最终选择了变速箱和照相机前盖板这两样产品（图 4-4）。

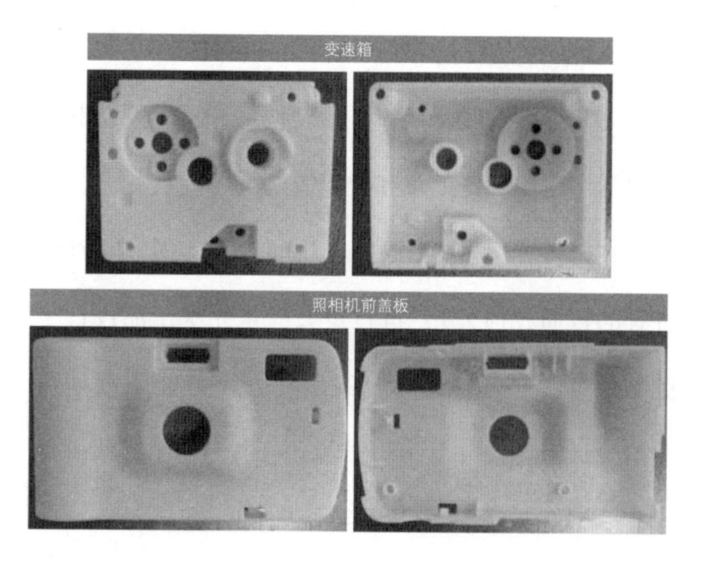

图 4-4　实证项目中采用的零件

此次采用的两个零件为形状复杂的变速箱和壁薄且曲面自由的照相机前盖板（照相机外壳）。二者均采用注塑成型的方式。

在电气和精密加工工业中，产品零件主要采用钣金加工和树脂注塑成型两种方法。此次选择了在上文的《模具工序合作指南》中设定的后者——注塑成型。作为注塑产品，选择了结构较为复杂的变速箱，以及壁薄且曲面自由的照相机前盖板，并力图将其设计成具有生产可能性的实际零件水平。

产品设计使用 3D - CAD “NX”（美国 Siemens PLM Software 公司），依据各个指南创建了 3D 注释模型（图 4-5）。在加入形状模型所需公差信息的同时，也添加了诸如浇口位置和分模线之类的模具要求。

在公差指示中完全引入几何公差，并对 JEITA 特有的普通几何公差①进行定义，是此次产品设计工作的重点所在。它比传统的尺寸公差更能明确地传达出设计意图，并且可以减少用于描述 3D 形状的几何公差记载数量。

但是，验证过程中出现了一些标记问题。例如，几何公差指令无法依据 JIS 编写，即使可以编写，也要花费很多时间和精力。这主要取决于 3D-CAD 的功能，也需要依据现有的 CAD 功能对指南进行修改。

---

① JIS 普通几何公差需要与尺寸公差结合使用，因此在某些情况下可能会出现歧义。为了解决这个问题，JEITA 制定了基本规则，图纸上没有几何公差指令时，可以根据该规则做出唯一的解释。

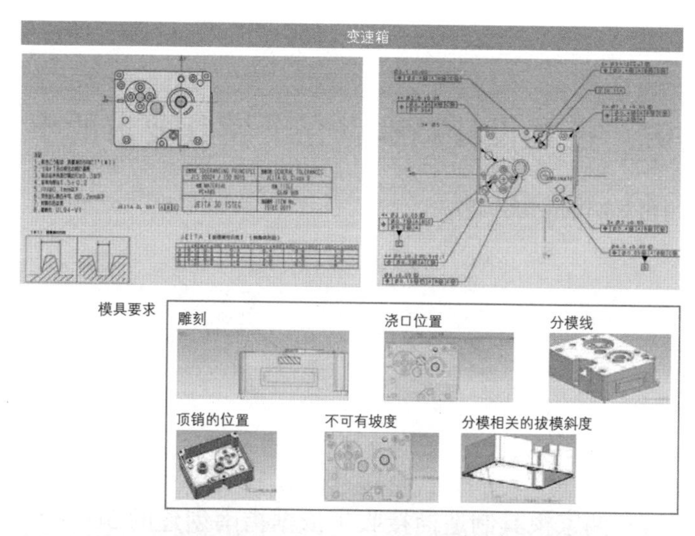

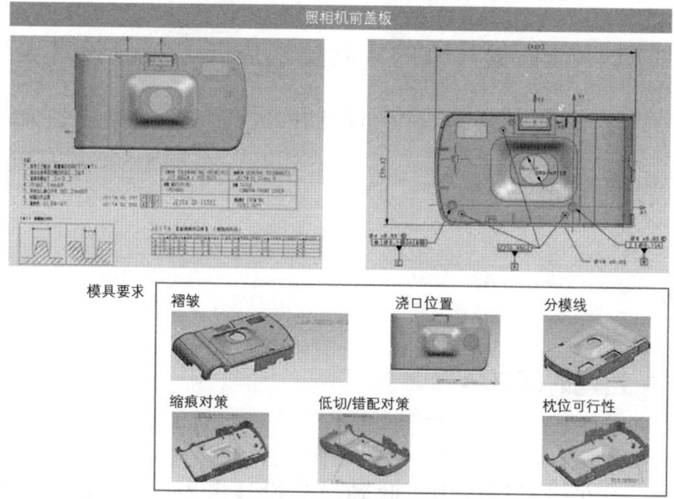

图 4-5　反映模具要求的 3D 注释模型

除了基于指南的几何公差指令外，还加入了诸如浇口位置和分模线等信息。

03　模具设计：难点在于模具要求的事前检查

两家模具制造商接收了依据指南创建的 3D 注释模型后，根据其中的模具要求展开了模具设计工作[①]。那么，是否可以如预期般减少模具要求确认和咨询时间呢？

▶咨询时间减半

在模具设计中，收到产品设计者发来的 3D 注释

---

① 实证项目的成员包括 JEITA 的成员公司，以及模具工业协会。

模型后，要先获取关于产品形状和模具要求的信息，然后才能确定模具的结构和形状（图 4-6）。此外，设计人员还要对如何分割模具、在何处配置滑块、在何处设置顶销和浇口等进行确定。

图 4-6　模具设计中创建的模具 3D 模型

使用 3D 注释模型的信息进行模具设计。主要对是否准确传递模具要求的相关信息进行验证。

在实证项目中，将通过使用3D模型和2D绘图的传统方法与使用3D注释模型的方法进行比较，可以得出确认、咨询模具要求等所需的时间（图4-7）。

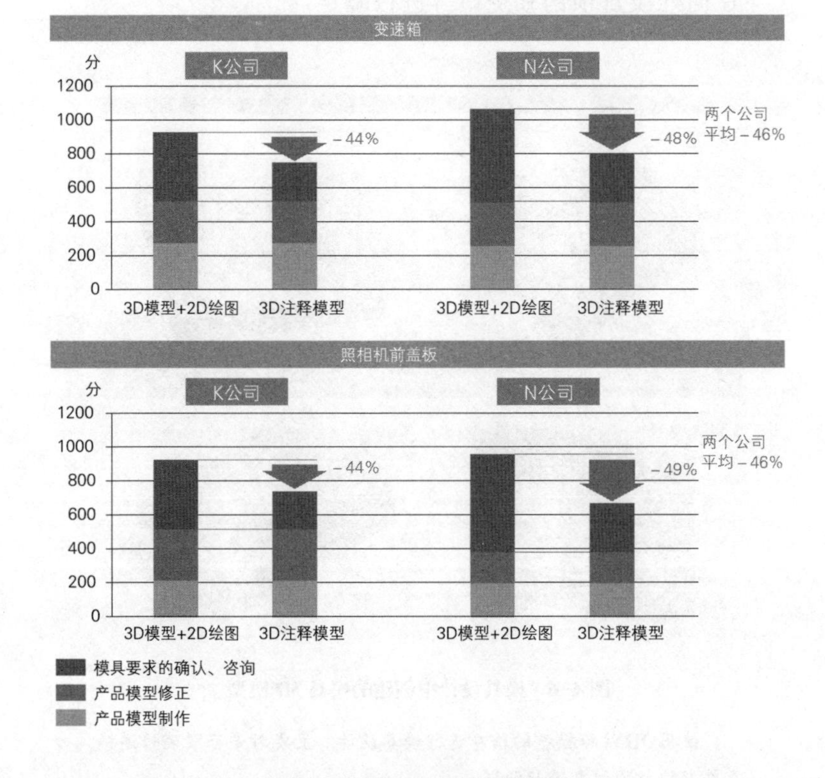

图4-7　模具设计确认的效果

确认和咨询模具要求的时间成功缩短了44%~49%。产品模型修改和模具模型制作的时间几乎没有改变。

就结果而言，使用了与产品设计相同的 3D-CAD 的 K 公司节省了 44%的时间，而使用不同 3D-CAD 的 N 公司节省了 48%~49%的时间。

但反过来看，这说明依旧还有一半以上的咨询工作是必需的。即便已经涵盖了模具要求，但产品设计人员与模具设计人员之间的确认工作也依旧不能省略。接下来，我们一起来看看导致这一结果的具体原因。

在进行实证项目的过程中，模具设计人员向产品设计人员咨询的主要内容如表 4-1 所示。

表 4-1　模具设计过程中的咨询内容

	咨询内容	回答内容
变速箱	收缩率应为多少？	收缩率为“0.3”。
	是否需要对模具变薄的部分采取措施？	适用于“无指示 R”的情况。

（续表）

	咨询内容	回答内容
照相机前盖板	加深孔穴的办法是不是对防止缩痕更有效？	去除周围的壁厚，并加深0.5mm孔穴。
	可以在闪光灯安装部位上方戳一个角度块吗？	只要没有爪结构，戳一个角度块也是可以的。
	由于滑块和内腔之间出现了枕位①，所以计划降低滑块顶部的PL。	降低滑块顶部的PL。
	可能会出现变形②，所以计划升高滑块底部的PL。	升高滑块底部的PL。
	担心快门会部分变形，所以准备用销压住。这样做会留下印记，是否可以接受？	设计变更，在快门部位增加一个圆形的凸状结构。
	滑块的PL可以垂直处于R形的中心部位吗？	让滑块的PL垂直处于R形的中心部位。
	孔穴的底部无须加深0.5mm，应与其他面相同。	“孔穴底部加深0.5mm”的措施是适当的，无须进行任何更改。
	收缩率应为多少？	收缩率为“0.3”

① 枕位：沿垂直于正常模具对齐的方向上与模具匹配的结构。

② 变形：随着滑块的移动，树脂零件会粘在滑块上，出现变形。

▶讨论模具要求阶段的困难点

例如，在照相机前盖板的设计阶段会出现这样的咨询内容。关于快门安装部位的形状，从结构上来说，滑块是必不可少的。但是如果采用了这种形状，那么拔出滑块时就可能发生粘连现象（滑块粘连，图 4－8）。极端情况下，快门甚至会变形或破损。

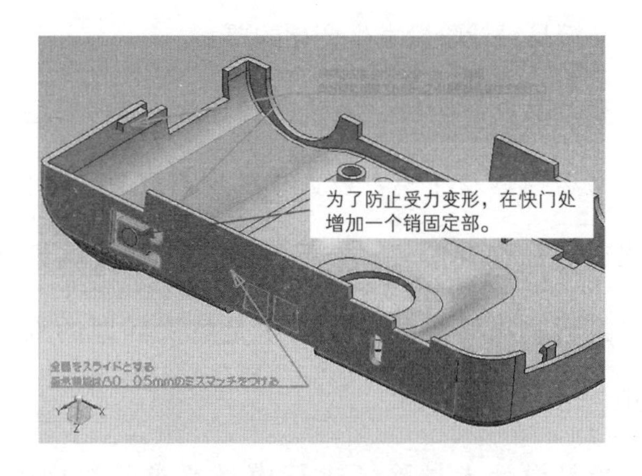

图 4-8　模具设计现场发现的问题

在模具设计阶段发现，注塑过程中滑块的移动会导致树脂零件的受力变形。因此，模具设计人员决定在快门处增加一个销固定部。图中的日文是原始图面中的说明。

为了避免这个问题，模具设计人员一般会建议用销固定住快门一角。但是，这样做会留下销的痕迹。因此，模具设计人员必须向产品设计人员确认是否可以采用这种方法。最终，产品设计人员决定进行设计变更，在快门部增加一个圆形的凸状结构（销固定部）。

很多情况下，理解问题必须考虑到实际模具构造和成型性。分模线（PL）的位置，也是一个非常可能在模具设计阶段发生变化的要素。

在产品设计阶段，无法做到在3D注释模型中全面覆盖模具及注模专业人士的所有知识。因此，在出图后的初期阶段，产品设计人员和模具设计人员进行一次简单的讨论似乎是解决问题的唯一方法。

模具设计人员除了进行模具要求的咨询外，还需要明确数据转换方面的一些问题。上文中也曾提到，N公司使用的是与产品设计不同的3D-

CAD。如果希望传达所有的模具要求，那么产品设计和模具设计在使用同一种 3D-CAD 的情况下是毫无问题的。但如果使用不同的 3D-CAD，就可能出现数据转换过程中丢失信息或无法正确显示信息等问题[①]。

① 使用不同 3D-CAD 的 K 公司，原本计划使用中间格式“JT”来传达模具要求，但是传达效果不佳。因此，又改为以文档（截屏）的方式传达模具要求。

04 零件检查：以明确作业改善程度为目标

在零件检查中，根据 3D 注释模型中的信息，可以使用接触式和非接触式测量仪对成品树脂零件进行测量，检查它们是否符合设计要求。这样做是为了与 2D 绘图和 3D 模型的传统方法进行比较，明确哪些工作得到了改善，以及得到了多大程度的改善。

▶用颜色区分是否处于公差范围内

实证项目使用了三种测量仪，分别是使用接触式探针的门式接触式测量仪、将探针部位替换为激光式的非接触式测量仪（门式），以及将激光探针安装在多关节臂末端的非接触式测量仪（臂式）。实证项目会对三者的工作时间进行比较。

值得注意的是，具有广阔前景的非接触式测量仪可以将零件的整个表面作为一个点组数据进行测量，因此与 3D 数据相比，更容易显示整体误差（图 4-9）。例如，可以用色图表示数据是否处于指定的普通几何公差范围内。当然，这项工作中也存在一些问题，后文将对此进行说明。

首先，让我们看看每种测量方法使用 3D 注释模型后的效果（图 4-10）。检查工序大致分为三项内容：确定测量点并讨论做法、实际测量工作，以及测量结果的评价。从这三个方面的整体来看，工作时间大约降低了 20%~50%。

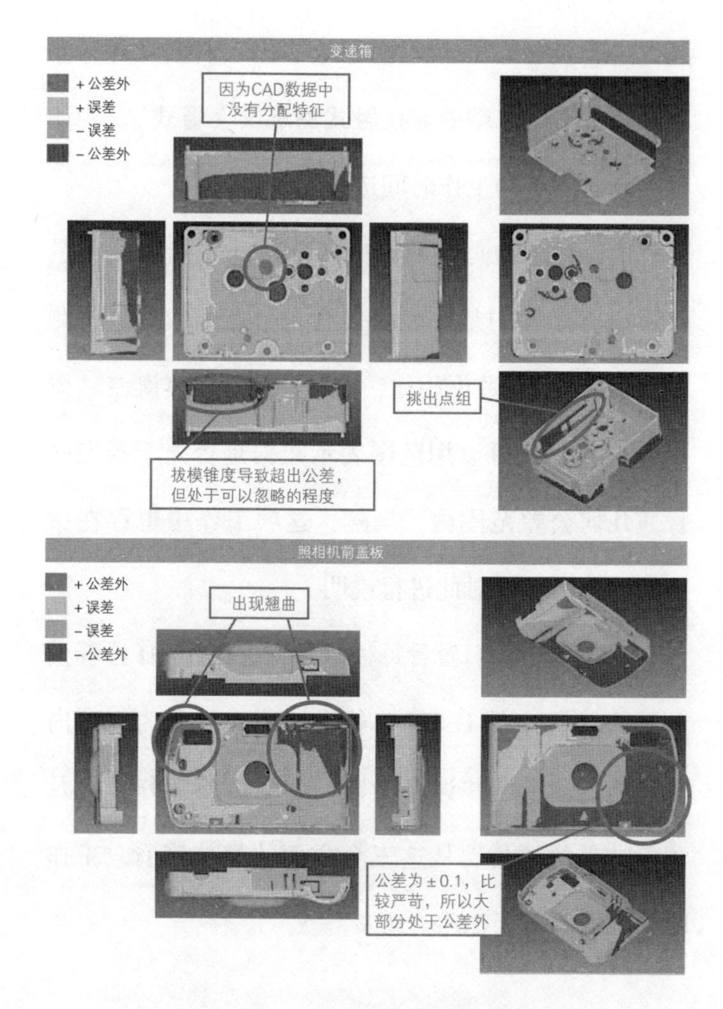

图 4-9　检查结果的色图显示

将使用非接触式 3D 扫描仪测得的数据与 3D 注释模型的数据进行比较，显示零件各部位是否处于不同的三段普通几何公差的公差范围内。

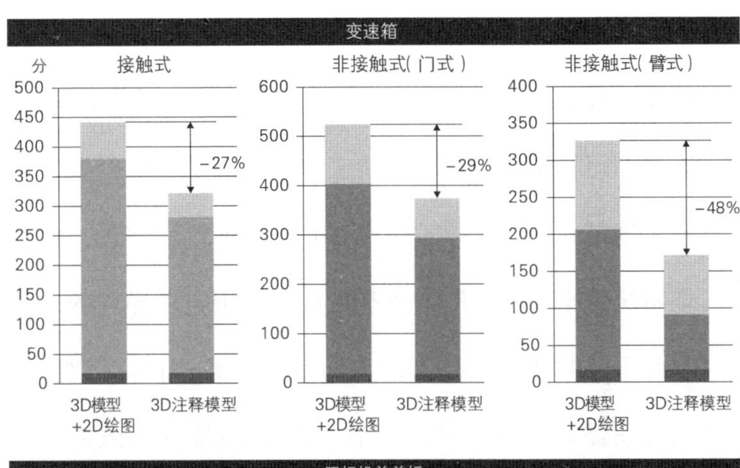

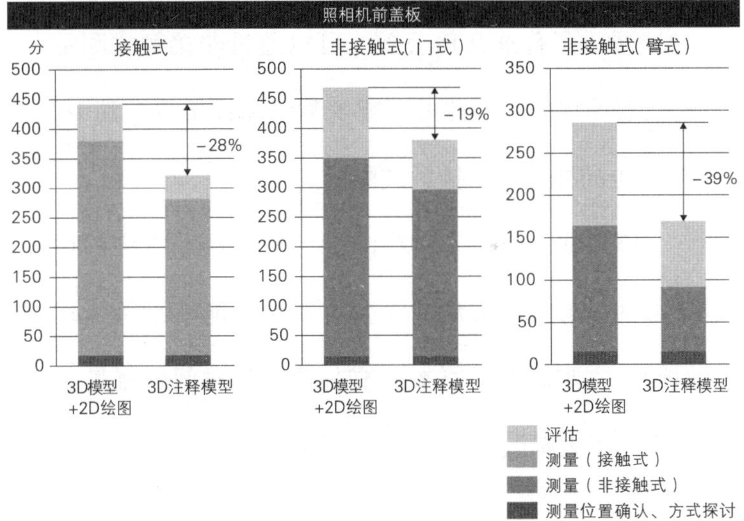

图 4-10　零件检查工序中的效果

针对接触式测量仪和非接触式测量仪（门式和臂式）的三种测量仪，在同时使用 3D 模型和 2D 绘图，以及仅使用 3D 注释模型的情况下，对工时进行了比较。

对提升工作效率最有帮助的为臂式非接触式测量仪，成功降低了39%~48%的工作时间。测量工作本身缩短60%的同时，评价工作也缩短了30%以上。

这是因为，与同时使用3D模型和2D绘图的常规做法相比：（1）几何公差是从文件中自动导入的，因此可以节省输入所需的人力；（2）通过目标点组的自动提取功能，可以节省分配数据特征的人力；（3）导入了普通几何公差，可以通过非接触式测量进行表面评价，因此可以减少测量和评价点。其中，（1）也同样适用于接触式测量。

就每项工作而言，在测量点的确认和方法的讨论方面，与常规方法并无太大差别。能够缩短工作时间，主要是由于原本需要花费很长时间的测量工作得到了大幅改善。

▶出现的问题

但实证项目中也出现了不少问题（表 4-2）。这些问题涵盖了标准、指南、系统和运用等各个方面。其中一些可以通过现场的协助来解决，但大部分还是需要对指南进行修订。

表 4-2　零件检查工序中发现的主要问题

领域	问题	临时对策	永久对策
标准、指南	普通几何公差的等级是通过距离来区分的，用手动的方式会很难理解(所有结果通用)。	此次无对策。	在测量软件上自动设定或通过 CAD 设定。
	如果是针对以注释方式指示模具要求的 3D 注释模型，拔模斜度等可能会出现比较大的误差(所有结果通用)。	此次无对策。	如果处于公差范围内就没有问题，但是如果处于公差范围之外，就要使用 3D 注释模型进行指示。

（续表）

领域	问题	临时对策	永久对策
系统	色图显示未对应普通几何公差等级。	手动合成并创建具有3个公差等级的色图。	可以为每个等级的普通几何公差设定色图显示。
	尺寸公差的包络、突出公差区域和通用公差区域的附加标记不对应，因此无法输入（所有结果通用）。	不填写，直接进行公差判定。	希望能有软件进行支持，如果没有，也希望能准备一份说明指南。
	接触式触控笔很大，会出现无法测量的部分（两个样品都存在）。	此次无对策。	可以缩小触控笔，如果还是无法测量，就考虑采用其他测量方法。
	可以从3D注释模型中读取CAD的PMI，但是必须手动进行每个PMI的目标点组分配。	此次无对策。	更改为可以通过CAD信息自动分配点组区域。
	如果没有夹具，相机的前盖板样品很难被固定。特别是在接触式测量中，样品可能会因与探针接触而变形，从而导致误差。	配合（用于光学部件等的）通用固定夹具使用。使用双面胶带，以免因施加强力而导致变形。	根据样品形状制作夹具。

（续表）

领域	问题	临时对策	永久对策
运用	如果树脂零件的表面是白色，那么就无法使用激光测量仪。	使用喷雾的方法。	依据公差情况，考虑与其他测量仪器结合使用。
	光线无法到达的部位，不能使用非接触式测量。	此次无对策。	考虑使用接触式测量仪（但是，接触式测量仪也有一些测量不到的部位）。
	照相机前盖板出现误差，应该是样品出现了翘曲现象。	此次无对策。	确定策略，如在组装的状态下进行测量。

例如，就标准和指南而言，普通几何公差的等级就是一个问题。JEITA 的普通几何公差是根据模型与基准点（基准面或基准线）的距离（零件尺寸）进行分级的。具体而言，距离 6mm 以下为±0. 1mm，6mm～30mm 为±0. 2mm，30mm～120mm 为±0. 3mm。

因此，测量负责人必须在 3D 模型上测量其距离基准点的长度，并对这部分属于哪一等级进行手动设定。这项工作如果能通过测量软件进行自动设定，或是将等级信息写入3D-CAD的3D注释模型内，就可以进一步降低工时。即使测量软件无法读取等级，只要能够显示以颜色区分的数据，理论上也可以降低设定相关等级的工作量。

关于普通几何公差，系统方面的问题已经非常明确了，即图4-9所示的制作色图所需的工时。事实上，该色图是由三个色图组成的（图4-11）。

如上文所述，零件表面各区域中指定的普通几何公差等级均不相同。以变速箱为例，内外侧的底部为±0.1mm，大部分侧面为±0.2mm，而距基准面较远的一个侧面内外均为±0.3mm。

此外，在色图的输出阶段，必须根据公差等级更改测量范围。这是为了在色图上显示是否满足各个等级的公差，以及相对于中心值是位于正方向还是负方向。

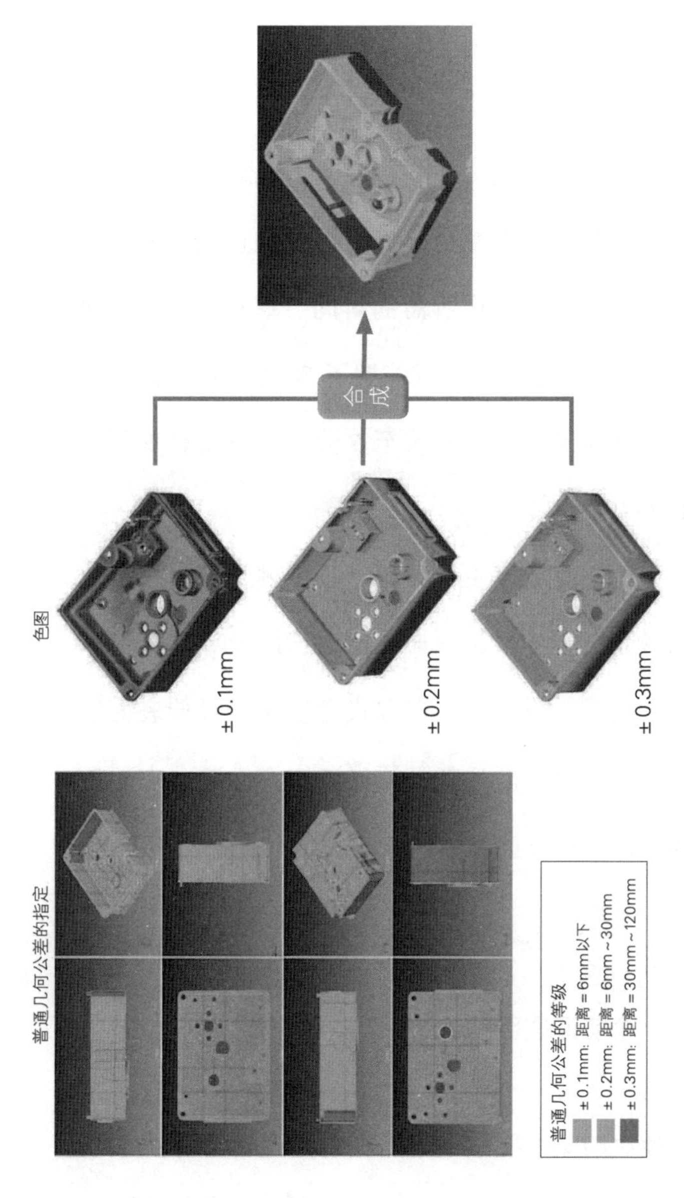

图 4-11 普通几何公差的等级与色图的制作

根据零件的尺寸（距离）设置三个等级的普通几何公差，分别为0.1mm、0.2mm和0.3mm。有必要合成三张色图。

因此，在实证项目中总共输出了三份与三个等级相对应的色图，并且参考普通几何公差的指定等级进行了合成。输入“哪个部分对应哪个等级”后，如果系统可以一次性全部显示对应的色图，就可以大大降低合成等工作所需的时间。事实上，在此次实证项目中，色图的合成花费了 50 分钟的时间，而这一时间理论上可以缩减至 5 分钟，也就是现行状况的 1/10。

运用方面也存在着问题：非接触式测量仪中使用的激光会在零件表面产生反射，以及零件翘曲产生的影响等。前者的处理方式是使用喷雾使表面着色以抑制反射，而后者必须先确定在组装状态下测量零件的操作方针。

▶下一个实证项目已启动

此次的实证项目不仅明确了 3D 注释模型的使用

效果，在对指南的实际运用中也发现了许多需要解决的问题。

除了指南内容外，3D-CAD以及测量软件等工具方面也存在着不少需要解决的问题。此次实证项目凸显了实际操作过程中存在的问题，如此一来，就可以对工具供应商提出更为具体的要求。

下一个实证项目（Phase2）也已启动。其在使用当前修订中的临时版指南并验证其有效性的同时，还会对此次项目（Phase1）发现的产品设计过程中的效果与问题进行明确，这是以往难以验证的内容。例如，通过创建3D注释模型，可以对设计品质和效率（究竟是有所提高，还是变得越发困难）做出明确的分析。下一个实证项目将主要围绕产品设计和零件检查这两大工序来进行，在此过程中也会不断更改验证对象零件的形状。

毫无疑问，3D注释模型一定会带来值得期待的效果。当然，只有确立运用方法、采取系统措施，才能充分发挥3D注释模型的作用。尽管本次实证项目只明确了部分问题，但它已经向理想形态迈出了一大步。想必这种机制也会对日本制造能力的持续提升起到积极的促进作用。

专栏6

使用3D注释模型进行切削加工，采用真空浇铸生产树脂零件

如上文介绍，此次并非采用模具加工和注塑成型的方法，而是以切削加工和真空浇铸来生产树脂零件。基于在设计工序中制作出的3D注释模型，可先通过切削加工的方法制作原版模型，然后将形状复制到硅胶模具中（图4-12）。最后，再将树脂倒入硅胶模具中成型。

图 4-12 硅胶模具

考虑到实证项目的持续时间与成本之间的关系，树脂零件采用的是真空浇铸的方式。用于复制硅胶模具的原版模型，是基于 3D 注释模型切削加工而来的。

在如何加工树脂零件的问题上，JEITA 的专家也曾讨论过是否可以使用光固化成型和树脂熔融沉积成型等 3D 打印（AM，Additive Manufacturing）工艺，最后对树脂零件进行切削加工的方法。考虑到成本、交期，以及作为注模件替代品的外观要求（表面性状）等因素，最终采用了本方法。这虽然有些偏离最初的设想，但可以对将 3D 注释模型用于切削加工时能否提供加工所需的信息进行确认。据说，JEITA 正讨论是否在下一个（Phase2）实证项目中，使用 3D 打印来制造用于替代注模件的树脂零件。

参考文献

[1] 吉田,《关于3D图的使用方法在指南、电机精密行业、普及工作中的下一步行动》,《日经制造》, 2010年6月刊, p. 54-58。

“精益制造”专家委员会

金　光　广州汽车集团商贸有限公司高级主任

姜顺龙　中国商用飞机责任有限公司高级工程师

张文进　益友会上海分会会长、奥托立夫精益学院院长

邓红星　工场物流与供应链专家

高金华　益友会湖北分会首席专家、企网联合创始人

葛仙红　益友会宁波分会副会长、博格华纳精益学院院长

赵　勇　益友会胶东分会副会长、派克汉尼芬价值流经理

金　鸣　益友会副会长、上海大众动力总成有限公司高级经理

唐雪萍　益友会苏州分会会长、宜家工业精益专家

康　晓　施耐德电气精益智能制造专家

缪　武　益友会上海分会副会长、益友会/质友会会长

东方出版社

广州标杆精益企业管理有限公司

人民东方出版传媒
People's Oriental Publishing & Media
東方出版社
The Oriental Press

东方出版社助力中国制造业升级

书　　名	ISBN	定　价
精益制造 001：5S 推进法	978-7-5207-2104-2	52 元
精益制造 002：生产计划	978-7-5207-2105-9	58 元
精益制造 003：不良品防止对策	978-7-5060-4204-8	32 元
精益制造 004：生产管理	978-7-5207-2106-6	58 元
精益制造 005：生产现场最优分析法	978-7-5060-4260-4	32 元
精益制造 006：标准时间管理	978-7-5060-4286-4	32 元
精益制造 007：现场改善	978-7-5060-4267-3	30 元
精益制造 008：丰田现场的人才培育	978-7-5060-4985-6	30 元
精益制造 009：库存管理	978-7-5207-2107-3	58 元
精益制造 010：采购管理	978-7-5060-5277-1	28 元
精益制造 011：TPM 推进法	978-7-5060-5967-1	28 元
精益制造 012：BOM 物料管理	978-7-5060-6013-4	36 元
精益制造 013：成本管理	978-7-5060-6029-5	30 元
精益制造 014：物流管理	978-7-5060-6028-8	32 元
精益制造 015：新工程管理	978-7-5060-6165-0	32 元
精益制造 016：工厂管理机制	978-7-5060-6289-3	32 元
精益制造 017：知识设计企业	978-7-5060-6347-0	38 元
精益制造 018：本田的造型设计哲学	978-7-5060-6520-7	26 元
精益制造 019：佳能单元式生产系统	978-7-5060-6669-3	36 元
精益制造 020：丰田可视化管理方式	978-7-5060-6670-9	26 元
精益制造 021：丰田现场管理方式	978-7-5060-6671-6	32 元
精益制造 022：零浪费丰田生产方式	978-7-5060-6672-3	36 元
精益制造 023：畅销品包装设计	978-7-5060-6795-9	36 元
精益制造 024：丰田细胞式生产	978-7-5060-7537-4	36 元
精益制造 025：经营者色彩基础	978-7-5060-7658-6	38 元
精益制造 026：TOC 工厂管理	978-7-5060-7851-1	28 元

书　　名	ISBN	定　价
精益制造 027：工厂心理管理	978-7-5060-7907-5	38 元
精益制造 028：工匠精神	978-7-5060-8257-0	36 元
精益制造 029：现场管理	978-7-5060-8666-0	38 元
精益制造 030：第四次工业革命	978-7-5060-8472-7	36 元
精益制造 031：TQM 全面品质管理	978-7-5060-8932-6	36 元
精益制造 032：丰田现场完全手册	978-7-5060-8951-7	46 元
精益制造 033：工厂经营	978-7-5060-8962-3	38 元
精益制造 034：现场安全管理	978-7-5060-8986-9	42 元
精益制造 035：工业 4.0 之 3D 打印	978-7-5060-8995-1	49.8 元
精益制造 036：SCM 供应链管理系统	978-7-5060-9159-6	38 元
精益制造 037：成本减半	978-7-5060-9165-7	38 元
精益制造 038：工业 4.0 之机器人与智能生产	978-7-5060-9220-3	38 元
精益制造 039：生产管理系统构建	978-7-5060-9496-2	45 元
精益制造 040：工厂长的生产现场改革	978-7-5060-9533-4	52 元
精益制造 041：工厂改善的 101 个要点	978-7-5060-9534-1	42 元
精益制造 042：PDCA 精进法	978-7-5060-6122-3	42 元
精益制造 043：PLM 产品生命周期管理	978-7-5060-9601-0	48 元
精益制造 044：读故事洞悉丰田生产方式	978-7-5060-9791-8	58 元
精益制造 045：零件减半	978-7-5060-9792-5	48 元
精益制造 046：成为最强工厂	978-7-5060-9793-2	58 元
精益制造 047：经营的原点	978-7-5060-8504-5	58 元
精益制造 048：供应链经营入门	978-7-5060-8675-2	42 元
精益制造 049：工业 4.0 之数字化车间	978-7-5060-9958-5	58 元
精益制造 050：流的传承	978-7-5207-0055-9	58 元
精益制造 051：丰田失败学	978-7-5207-0019-1	58 元
精益制造 052：微改善	978-7-5207-0050-4	58 元
精益制造 053：工业 4.0 之智能工厂	978-7-5207-0263-8	58 元
精益制造 054：精益现场深速思考法	978-7-5207-0328-4	58 元
精益制造 055：丰田生产方式的逆袭	978-7-5207-0473-1	58 元

书　名	ISBN	定　价
精益制造 056：库存管理实践	978-7-5207-0893-7	68 元
精益制造 057：物流全解	978-7-5207-0892-0	68 元
精益制造 058：现场改善秒懂秘籍：流动化	978-7-5207-1059-6	68 元
精益制造 059：现场改善秒懂秘籍：IE 七大工具	978-7-5207-1058-9	68 元
精益制造 060：现场改善秒懂秘籍：准备作业改善	978-7-5207-1082-4	68 元
精益制造 061：丰田生产方式导入与实践诀窍	978-7-5207-1164-7	68 元
精益制造 062：智能工厂体系	978-7-5207-1165-4	68 元
精益制造 063：丰田成本管理	978-7-5207-1507-2	58 元
精益制造 064：打造最强工厂的 48 个秘诀	978-7-5207-1544-7	88 元
精益制造 065、066：丰田生产方式的进化——精益管理的本源（上、下）	978-7-5207-1762-5	136 元
精益制造 067：智能材料与性能材料	978-7-5207-1872-1	68 元
精益制造 068：丰田式 5W1H 思考法	978-7-5207-2082-3	58 元
精益制造 069：丰田动线管理	978-7-5207-2132-5	58 元
精益制造 070：模块化设计	978-7-5207-2150-9	58 元
精益制造 071：提质降本产品开发	978-7-5207-2195-0	58 元
精益制造 072：这样开发设计世界顶级产品	978-7-5207-2196-7	78 元
精益制造 073：只做一件也能赚钱的工厂	978-7-5207-2336-7	58 元
精益制造 074：中小型工厂数字化改造	978-7-5207-2337-4	58 元

近冈裕、山崎良兵、野々村洸：

数字孪生制造：

技术、应用 · 10 讲

创新的零成本试错之路，智能工业化组织的必备技能

吉田胜：

超强机床制造：

市场研究与策略 · 6 讲

机床制造的下一个竞争核心，是提供“智能工厂整体优化承包方案”

吉田胜、近冈裕、中山力，等：

只做一件也能赚钱的工厂

获得属于下一个时代的，及时满足客户需求的能力

吉田胜：

商用智能可穿戴设备：

基础与应用 · 7 讲

将商用可穿戴设备投入生产现场
拥有快速转产能力，应对多变市场需求

吉田胜、山田刚良：

5G 智能工厂：

技术与应用 · 6 讲

跟日本头部企业学
5G 智能工厂构建

木崎健太郎、中山力：

工厂数据科学家：

DATA SCIENTIST · 10 讲

从你的企业中找出数据科学家
培养他，用好他

中山力：

增材制造技术：

应用基础 · 8 讲

更快、更好、更灵活
——引爆下一场制造业革命

内容合作、推广加盟
请加主编微信

图字：01-2021-3854 号

图书在版编目（CIP）数据

工业爆品设计与研发 / 日本日经制造编辑部 著；潘郁灵 译. —北京：东方出版社，2021.12
（精益制造；079）
ISBN 978-7-5207-2434-0

Ⅰ.①工… Ⅱ.①日… ②潘… Ⅲ.①工业产品—产品设计—研究 Ⅳ.①TB472

中国版本图书馆 CIP 数据核字（2021）第 233131 号

精益制造 079：工业爆品设计与研发
（JINGYI ZHIZAO 079：GONGYE BAOPIN SHEJI YU YANFA）

作　　者：日本日经制造编辑部
译　　者：潘郁灵
责任编辑：崔雁行　吕媛媛
责任审校：金学勇
出　　版：东方出版社
发　　行：人民东方出版传媒有限公司
地　　址：北京市西城区北三环中路 6 号
邮　　编：100120
印　　刷：北京文昌阁彩色印刷有限责任公司
版　　次：2021 年 12 月第 1 版
印　　次：2021 年 12 月第 1 次印刷
开　　本：880 毫米×1230 毫米　1/32
印　　张：6
字　　数：72 千字
书　　号：ISBN 978-7-5207-2434-0
定　　价：58.00 元
发行电话：（010）85924663　85924644　85924641

如有印装质量问题，我社负责调换，请拨打电话：（010）85924602　85924603